工业和信息化高职高专"十二五"规划教材立项项目

职业教育机电类"十二五"规划教材

机械图样的绘制与识读

黄晓萍 主编

张春娜 卢彬 副主编

范世祥 主审

人民邮电出版社

北京

图书在版编目（CIP）数据

机械图样的绘制与识读 / 黄晓萍主编. -- 北京 ：
人民邮电出版社，2012.9（2023.9重印）
职业教育机电类"十二五"规划教材
ISBN 978-7-115-29174-5

Ⅰ. ①机… Ⅱ. ①黄… Ⅲ. ①机械制图－高等职业教
育－教材②机械图－识别－高等职业教育－教材 Ⅳ.
①TH126

中国版本图书馆CIP数据核字(2012)第197411号

内 容 提 要

本书以岗位职业能力为依据，按照任务驱动教学法的思路编写而成。

本书具体内容包含 5 大模块：模块 1，轴套类零件图样的绘制与识读；模块 2，盘盖类零件图样的绘制与识读；模块 3，叉架类零件图样的绘制与识读；模块 4，箱体类零件图样的绘制与识读；模块 5，装配图的绘制与识读。

本书可作为高职高专院校机械类和近机类专业教学用书，也可作为企业专业技术人员和绘图人员参考用书，或作为培训机构的教材。

◆ 主　　编　黄晓萍
　　副 主 编　张春娜　卢　彬
　　主　　审　范世祥
　　责任编辑　李育民

◆ 人民邮电出版社出版发行　　北京市丰台区成寿寺路 11 号
　　邮编　100164　电子邮件　315@ptpress.com.cn
　　网址　http://www.ptpress.com.cn
　　固安县铭成印刷有限公司印刷

◆ 开本：787×1092　1/16
　　印张：15.25　　　　　　　　　2012 年 9 月第 1 版
　　字数：379 千字　　　　　　　2023 年 9 月河北第 11 次印刷

ISBN 978-7-115-29174-5

定价：32.00 元

读者服务热线：(010)81055256　印装质量热线：(010)81055316
反盗版热线：(010)81055315

前　言

为了适应高等职业教育的发展趋势，我们按照高等职业教育培养技术应用型人才的要求，结合高职教育人才的培养模式、课程体系和教学内容等相关改革的要求，以岗位职业能力为依据，以真实的任务为驱动，以学生职业技能培养为主线编写本教材，力求课程能力服务于专业能力，专业能力服务于岗位能力。

本书从学生将来从事的岗位需求出发，以培养绘图和读图这两大能力为核心，实现学生的职业岗位能力的培养。根据职业岗位能力需求，以典型机械零部件为载体，设计出若干学习模块和任务，将制图的基础知识、视图投影原理、组合体三视图、轴测投影、机械图样的表达方法、标准件和常用件、零件图和装配图等知识点全部融入贯穿到任务中。具体为：模块 1，轴套类零件图样的绘制与识读；模块 2，盘盖类零件图样的绘制与识读；模块 3，叉架类零件图样的绘制与识读；模块 4，箱体类零件图样的绘制与识读；模块 5，装配图的绘制与识读。采用任务驱动模式，通过完成每一项任务来加强识图、绘图的技能训练，体现高职教改倡导的"学中做、做中学"的新理念，适应课程改革的最新情况，同时能够更好地培养学生认识、分析和解决问题的能力，以及岗位职业素养的养成。

本书是作者在听取多所高职院校和多家企业的建议和意见，总结多年教学经验的基础上编写而成的，在编写过程中，着重体现了以下几方面的特点。

1. 结合高职高专培养技术应用型人才的要求，充分分析其岗位职业能力，遵循以够用为度，加强技能训练。

2. 采用任务驱动模式，结合动手实践环节，将制图的教学内容及资源重组整合为若干个知识点放入学习任务中，通过任务的完成，实现对知识的掌握和理解。

3. 对于每一任务，均以任务引入与分析、相关知识、任务实施和知识拓展为模式而展开，思路清晰，特点鲜明。

4. 全书采用最新的《技术制图》、《机械制图》等国家标准。

本书由南京机电职业技术学院组织编写，黄晓萍担任主编，张春娜、卢彬担任副主编，范世祥主审。其中，黄晓萍编写模块 2、模块 3 和模块 4，张春娜编写模块 1，卢彬编写模块 5。参加编写的还有张晓红、候俊。

本书承蒙南京机电职业技术学院的高级工程师范世祥认真细致地审阅，提出了许多宝贵的修改意见和建议，对本书给予了很大的帮助，在此致以诚挚的谢意。

由于模块化教学模式和任务驱动式教学方法正处于经验积累和改进的过程中，书中难免存在疏漏和不足，希望同行专家和读者能给予批评和指正。

编　者
2012 年 7 月

目　录

任务1 光轴零件图样的绘制

任务引入与分析

机械图样是机械工程与机电产品信息的载体，是机械工程界表达、交流的语言，是现代生产中重要的技术文件。本任务通过抄绘光轴零件图样，建立对机械图样的初步认识。

正确分析图 1-1-1 所示的光轴零件图样，完成以下任务。

（1）分析光轴零件图样的组成，明确各个线条及标注的含义。

（2）选择合适的绘图图纸，根据正确的绘图步骤，建立清晰的绘图思路。

（3）按照先绘制底稿，再描粗加深，最后完成图形三大步骤，完成对光轴零件图样的抄绘。

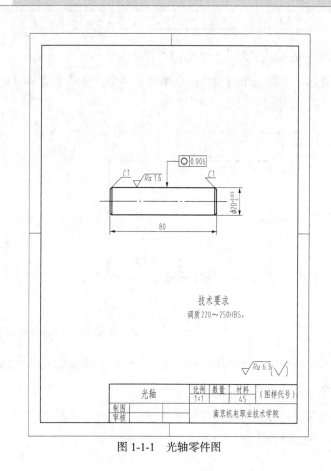

图 1-1-1 光轴零件图

相关知识

下面主要介绍国家标准《技术制图》和《机械制图》的有关规定（Rules Involved in National Standard of Technical Drawing and Mechanical Drawing）。

国家标准简称"国标"，用代号"GB"表示，例如 GB/T 14689—2008，其中 T 为推荐性标准，14689 为该标准的编号，2008 表示发布年份。

一、图纸幅面和格式（GB/T 14689—2008）（Sheet sizes and layouts）

1. 图纸幅面（Sheet sizes）

绘制技术图样时，应优先采用表 1-1-1 中规定的基本幅面尺寸。

表 1-1-1　　　　　　　　　　　　　基本幅面尺寸

幅面代号		A0	A1	A2	A3	A4
幅面尺寸 $B \times L$		841×1189	594×841	420×594	297×420	210×297
周边尺寸	a			25		
	c		10			5
	e		20		10	

2. 图框格式（Layouts）

在图纸上必须用粗实线画出图框，其格式分为留有装订边和不留装订边两种，如图 1-1-2 和图 1-1-3 所示。

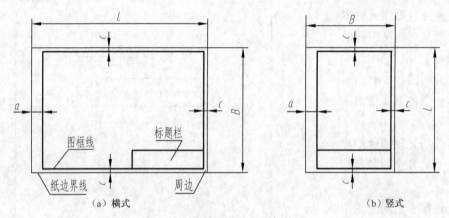

（a）横式　　　　　　　　　　　　　　（b）竖式

图 1-1-2　留有装订边的图框格式

同一种图样只能采用一种格式，留装订边时通常采用 A3 横放或者 A4 竖放。

3. 标题栏（Title block）

为了使绘制的图样便于管理和查阅，每张图边框的右下角应绘有标题栏，标题栏中的文字方向一般为看图方向，如图 1-1-4（a）所示。

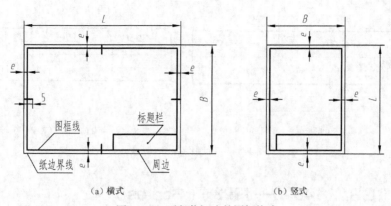

（a）横式　　　　　　　　　　（b）竖式

图 1-1-3　不留装订边的图框格式

如果使用了预先印刷的图纸，需要改变标题栏的方位时，必须将其旋转至图纸的右上方，如图 1-1-4（b）所示。此时，为了明确绘图和看图的方向，应在图纸的下方对中符号处画出一方向符号，如图 1-1-5 所示。对中符号用粗实线绘制，线宽不小于 0.5mm，长度从图纸边界开始伸入图框约 5mm，当对中符号处在标题栏范围内时，则伸入标题栏的部分省略不画。

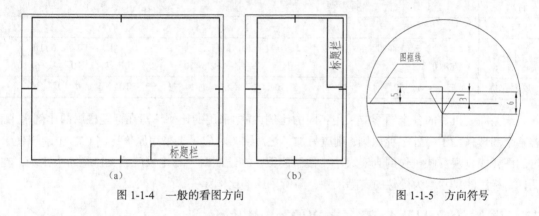

（a）　　　　　　　　　　　（b）

图 1-1-4　一般的看图方向　　　　　　图 1-1-5　方向符号

国家标准对于标题栏的内容、格式和尺寸都做了统一规定，如图 1-1-6（a）所示。在制图作业中建议大家采用简化画法，如图 1-1-6（b）、（c）所示。

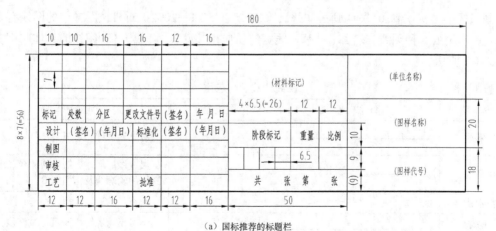

（a）国标推荐的标题栏

图 1-1-6　标题栏格式

（b）简化的标题栏（零件图用）　　　　　　　（c）简化的标题栏（装配图用）

图 1-1-6　标题栏格式（续）

二、比例（GB/T 14690—1993）（Scales）

比例是图中图形与其实物相应要素的线性尺寸之比。比例分原值比例、放大比例和缩小比例 3 种：比值为 1 的比例为原值比例，比值大于 1 的比例为放大比例，比值小于 1 的比例为缩小比例。常用的比例见表 1-1-2。

表 1-1-2　　　　　　　　　　常用的比例

种　类	优先选择系列	允许选择系列
原值比例	1 : 1	
缩小比例	$1:2$　$1:5$　$1:10$　$1:10^n$　$1:2 \times 10^n$　$1:5 \times 10^n$	$1:1.5$　$1:2.5$　$1:3$　$1:4$　$1:1.5 \times 10^n$　$1:2.5 \times 10^n$　$1:3 \times 10^n$　$1:4 \times 10^n$　$1:6 \times 10^n$
放大比例	$2:1$　$5:1$　$10^n:1$　$2 \times 10^n:1$　$5 \times 10^n:1$	$2.5:1$　$4:1$　$2.5 \times 10^n:1$　$4 \times 10^n:1$

绘制同一机件的各个图形应采用相同的比例，并把采用的比例填写在标题栏中的比例栏中。若某个图形采用了另外一种比例，则应另加标注。绘图时应尽量采用原值比例（1：1），以使绘出的图样能直观反映机件的真实大小，便于读图。在绘图时，不论采用放大还是缩小比例，在图样上标注的尺寸均为机件的实际尺寸，与所采用的比例无关。

三、图线（GB/T 4457.4—2002）（Lines）

1. 图线的型式及应用（Types and application of lines）

国家标准《机械制图　图样画法　图线》（GB/T 4457.4—2002）对机械图样中的图线有专门的规定，常用的 8 种图线其名称、线型、线宽以及应用，见表 1-1-3。各种图线的具体应用实例如图 1-1-7 所示。

表 1-1-3　　　　　　　　　　图线的线型与应用

图线名称	图　线　型　式	图线宽度	图线应用举例
粗实线	——————————	b 0.5～2mm	可见轮廓线、可见过渡线
细实线	——————————	约 $b/3$	尺寸线、尺寸界线、剖面线、重合断面的轮廓线及指引线等
波浪线	～～～～～～	约 $b/3$	断裂处的边界线等
虚线	－ － － － － －	约 $b/3$	不可见轮廓线、不可见过渡线
双折线	—/\—/\—/\—	约 $b/3$	断裂处的边界线

续表

图线名称	图线型式	图线宽度	图线应用举例
细点画线	————·————·———	约 b/3	轴线、对称中心线等
粗点画线	————·————·———	b	有特殊要求的线或表面的表示线
细双点画线	———·····———·····———	约 b/3	极限位置的轮廓线、相邻辅助零件的轮廓线等

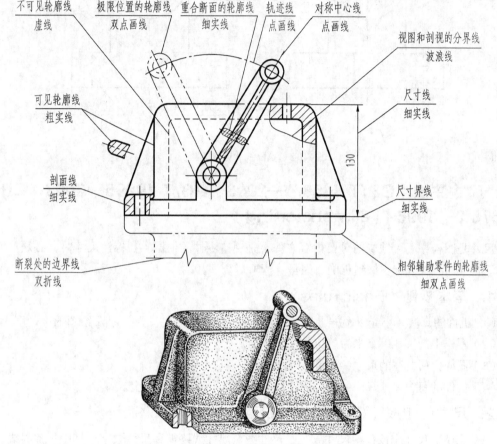

图 1-1-7　图线的应用

图线分粗、细两种。粗线的宽度 b 应按照图形的大小及复杂程度，在 0.5～2 mm 之间选择，细线的宽度约为 b/3。

图线宽度 b 的推荐系列为：0.18 mm、0.25 mm、0.35 mm、0.5 mm、0.7 mm、1 mm、1.4 mm、2 mm。制图作业中一般选择 0.5 mm 或 0.7 mm。

2. 图线画法（Line techniques）

（1）在同一图样中，同类图线的宽度应基本一致。

（2）除另有规定，两条平行线之间的最小距离不得小于 0.7 mm。

（3）绘制图形的对称中心线、轴线时，其点画线应超出图形轮廓外 3～5mm，且点画线的首末两端是长画，而不是短画。用点画线绘制圆的对称中心线时，圆心应为线段的交点。

（4）虚线、点画线、双点画线自身相交或与其他任何图线相交时，都应是线、线相交，而不应在空隙处或点处相交，但虚线如果是实线的延长线时，则在连接虚线端处应留有空隙，如图 1-1-8 所示。

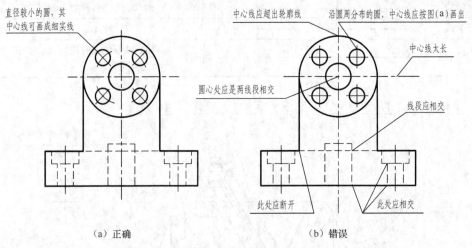

（a）正确　　　　　　　　　　　　　　（b）错误

图 1-1-8　点画线、虚线的画法

四、尺寸注法（GB/T 4458.4—2003、GB/T 19096—2003、GB/T 16675.2—1996）（Dimensioning）

尺寸是图样中不可缺少的重要内容之一，是制造零件的依据。在标注尺寸时，必须严格遵守国家标准的有关规定，做到正确、完整、清晰、合理。

1. 基本规则（Basic rules）

（1）机件的真实大小应以图样上所注的尺寸数值为依据，与图形大小及绘图的准确度无关。

（2）图样中的尺寸以毫米为单位，不须注出。

（3）图样中所标注的尺寸，为最后完工尺寸。

（4）机件的每一尺寸只注一次，标在反映该结构最清晰的图形上。

2. 尺寸的组成（Composing of Dimension）

一个完整的尺寸应该包括尺寸界线、尺寸线、尺寸线终端和尺寸数字。其中尺寸界线、尺寸线和尺寸数字称为尺寸三要素，如图 1-1-9 所示。

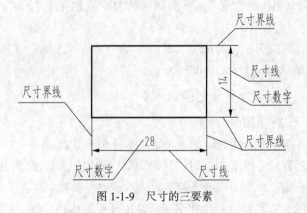

图 1-1-9　尺寸的三要素

（1）尺寸界线。尺寸界线表示尺寸的度量范围，一般用细实线绘出，由轮廓线及轴线、中心线引出，也可利用轴线、中心线和轮廓线作尺寸界线，如图 1-1-10（a）所示。

尺寸界线一般应与尺寸线垂直，必要时才允许倾斜，如图 1-1-10（b）所示。

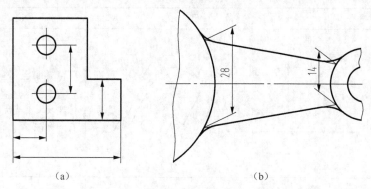

图 1-1-10　尺寸界线的画法

（2）尺寸线。尺寸线表示所注的尺寸的度量方向和长度。它必须用细实线单独绘出，不能由其他线段代替。标注直线尺寸时，尺寸线应与所注尺寸部位的轮廓线（或者尺寸方向）平行，且尺寸线之间不应相交。尺寸线与轮廓线相距 5～10 mm，尺寸界线超出尺寸线 2～3 mm。

（3）尺寸线终端。尺寸线终端有箭头和斜线两种形式，如图 1-1-11 所示。在同一张图样上只能采用同一种尺寸线终端形式。机械图样上的尺寸线终端一般为箭头，其尖端与尺寸界线接触，尽量画在所注尺寸的区域之内。在同一张图样中，箭头大小应该一致。

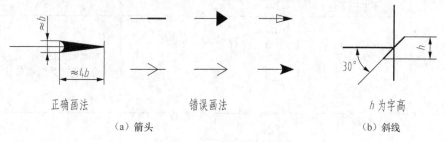

（a）箭头　　　　　　　　错误画法　　　　　　　　（b）斜线

图 1-1-11　尺寸线的终端形式

采用斜线时，尺寸线与尺寸界线必须相互垂直。斜线用细实线绘制。

（4）尺寸数字的书写方向。尺寸数字一般写在尺寸线的上方或中断处；尺寸数字不得被任何图线通过，必要时将该图线断开。标注尺寸数字时还应注意以下两点。

① 尽可能避免在 30° 范围内标注尺寸，当无法避免时，按相关标准要求的形式标注。

② 对于非水平方向的尺寸，尺寸数字可以水平地注写在尺寸线的中断处。

（5）几类常见的尺寸标注形式。

① 圆、圆弧的尺寸注法。

标注直径时，应在尺寸数字前加注直径符号"ϕ"，尺寸线通过圆心，以圆周为限。

标注半径时，尺寸数字前加注半径符号"R"，尺寸线自圆心引向圆弧。

② 球面尺寸注法。标注球面时，在直径或半径尺寸数字前应加注"$S\phi$"或"SR"（当不至于引起误解时可省去"S"）。

③ 角度尺寸注法。角度的尺寸线应画成圆弧，其圆心是该角的顶点。角度的数字一律水平

填写在尺寸线的中断处，必要时写在尺寸线上方或外侧，也可以用引出线标注。

常见尺寸的标注见表 1-1-4。

表 1-1-4 　　　　　　　　　　　　　　常见尺寸标注

标注内容	图　　　例	说　　　明
线性尺寸的数字方向	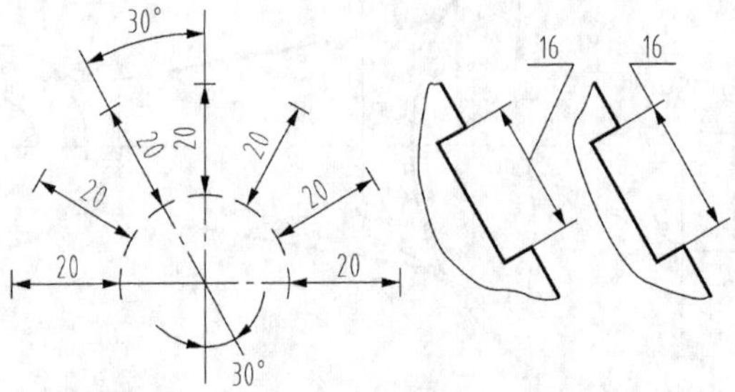	尺寸数字应按左图中的方向注写，并尽量避免在 30° 范围内标注尺寸；当无法避免时，可按右图标注
角度	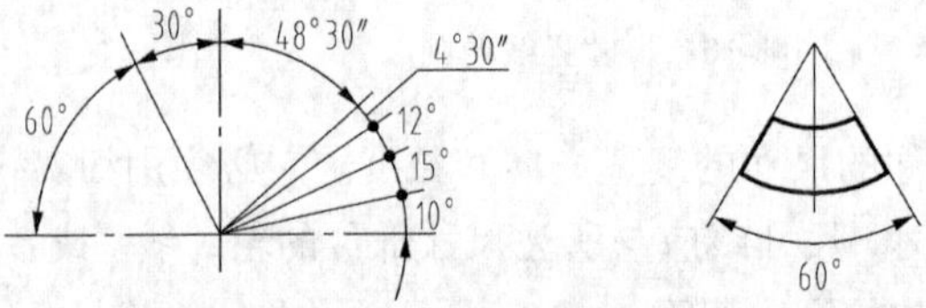	角度的数字一律写成水平方向，一般注写在尺寸线的中断处。必要时可写在上方或外面，也可引出标注
圆和圆弧	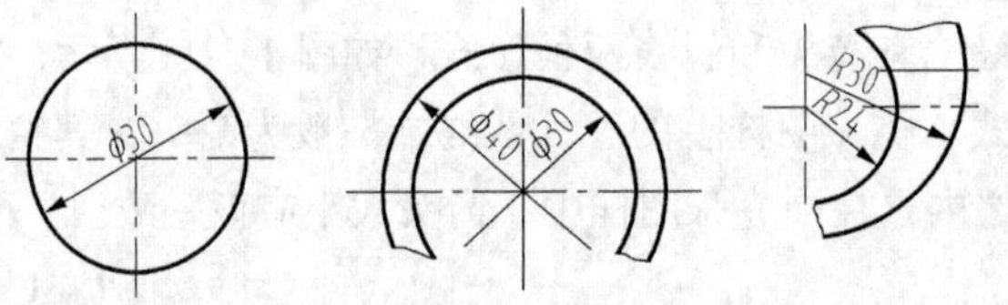	直径、半径的尺寸数字前应加注符号 "ϕ" 或 "R"，尺寸线按图例标注
大圆弧	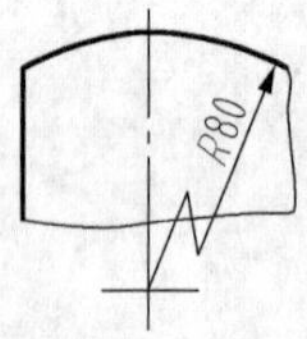	大圆弧无法标出圆心位置时，可按图例采用折线标注
小尺寸和小圆弧	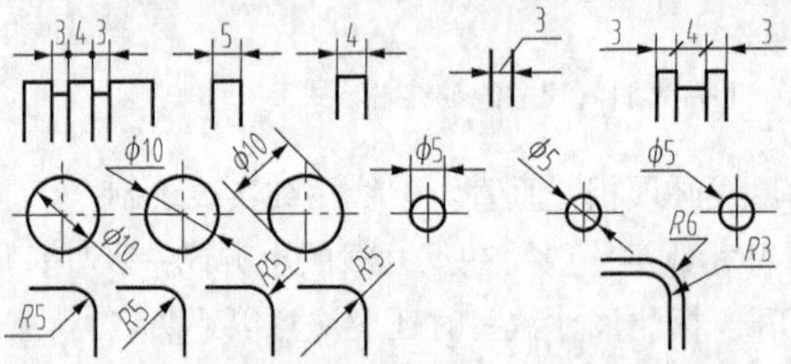	在没有足够的位置画箭头和写数字时，可按图例形式标注
球面	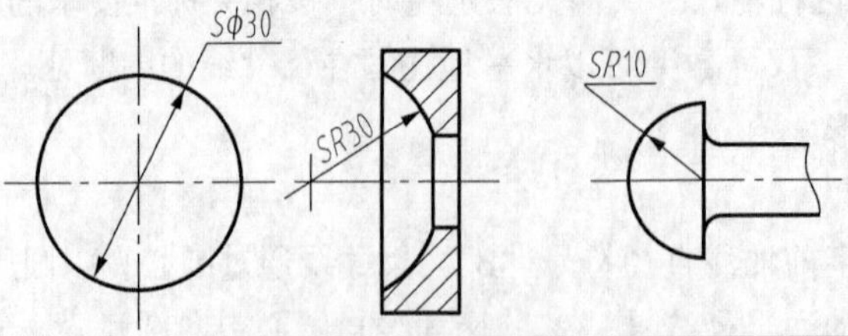	应在 "ϕ" 或 "R" 前加注 "S"。对于螺钉、铆钉的头部、轴（包括螺杆）端部，以及手柄的端部，在不引起误解的情况下，可省略符号 "S"

（6）对称尺寸的注法。对称机件的图形只画一半或略大于一半时，尺寸线应略超过对称中心线或断裂处的边界线，仅画出一端箭头，但尺寸数字按完整标注。

五、字体（GB/T 14691—1993）（Lettering）

图样中的书写字体（汉字、数字和字母）必须做到字体工整、笔画清楚、间隔均匀、排列整齐。字体高度（用 h 表示）的公称尺寸系列为：1.8 mm，2.5 mm，3.5 mm，5 mm，7 mm，10 mm，14 mm，20 mm。如需要书写更大的字，其字体高度应按 $\sqrt{2}$ 的比率递增。字体高度代表字体号数。

1. 汉字（Chinese characters）

汉字写成长仿宋体（长仿宋体字书写要领：横平竖直，起落有锋，结构匀称，填满方格），并使用简化字，汉字高度不小于 3.5 mm。长仿宋体字例如图 1-1-12 所示。

字体端正　　笔画清楚　　排列整齐　　间隔均匀

写仿宋体要领：横平竖直　起落有锋　结构匀称　填满方格

图 1-1-12　长仿宋体字例

2. 数字和字母（Number and letters）

数字和字母可写成斜体或正体，一般常用斜体。斜体字头向右倾斜，与水平基准线成 75°。数字和字母分 A 型和 B 型。A 型字体的笔画宽度 $d = h/14$（h 为字高），B 型字体的笔画宽度 $d = h/10$。图 1-1-13 所示为拉丁字母和数字示例。

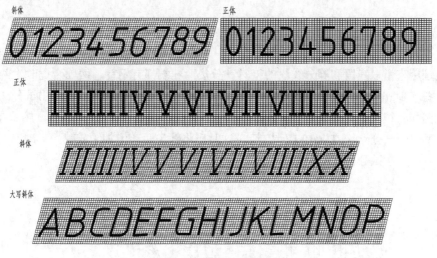

图 1-1-13　数字及字母示例

六、绘图工具及其使用（The usage of drawing tools）

基本要求："工欲善其事，必先利其器。"正确地使用和维护绘图工具和仪器，是保证绘图质量和加快绘图速度的一个重要方面，因此，必须养成正确使用、维护绘图工具和仪器的良好习惯。

1. 图板、丁字尺和三角板（Plate, T square and triangles）

图板用来铺放和固定图纸，要求表面平坦、光洁，左边作为导边，必须平直。图纸用胶带纸固定在图板的适当位置。

丁字尺由尺身和尺头两部分组成。用丁字尺画水平线时，必须将尺头紧靠图板导边做上下移动，右手执笔，沿尺身工作边自左向右画线。

一副三角板由 45° 和 30°-60° 三角板各一块组成。三角板与丁字尺配合使用，可画出垂直线、倾斜线和一些常用的特殊角度线，如 15°、75°、105° 等。

丁字尺、图板和三角板的用法如图 1-1-14 所示，图中的箭头方向为运笔方向。

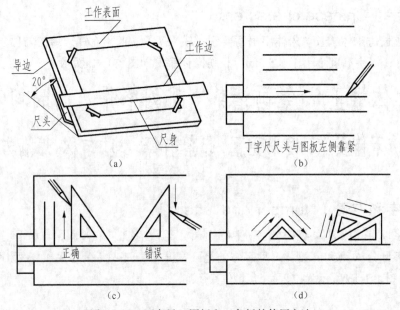

图 1-1-14　丁字尺、图板和三角板的使用方法

2. 分规和圆规（Dividers and compasses）

分规是用来量取线段和等分线段的工具。分规两腿端部有钢针，两腿合拢时，两针尖应合为一点。图 1-1-15（a）为用分规截取等长线段的方法。图 1-1-15（b）表示用试分法等分线段的过程。例如将线段 AB 三等分，先目测估计使两针尖距离大致为 AB 的 1/3，然后在 AB 上试分，如果第三个试分点 K 在 AB 内（或外），这时应将针尖距离增加（或减少）$BK/3$，再进行试分，这样经过几次试分，即可较为准确地三等分线段 AB。

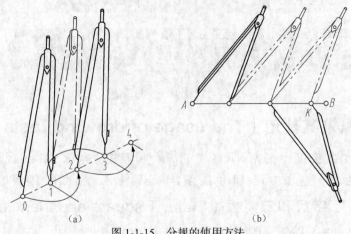

图 1-1-15　分规的使用方法

圆规主要用来画圆或圆弧，常用的大圆规如图 1-1-16（a）所示，其一腿装有活动钢针，另一腿装有肘形关节，可装铅笔插腿或鸭嘴笔插腿等，用来画铅笔图或墨线图。装上钢针插腿又可作分规使用。要注意活动钢针的形状，如图 1-1-16（b）所示。画图时，要用有台阶这端针尖扎向圆心，可防止画图时圆心扩大造成误差，圆规铅芯的尖端应与钢针台阶基本平齐，以使作图准确。

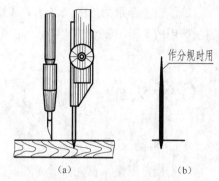

（a）　　　　　（b）

图 1-1-16　圆规的针尖和插腿

画圆时一般按顺时针方向旋转，且使圆规向运动方向稍微倾斜，如图 1-1-17（a）所示。通常将圆规针尖和插腿调整到与纸面垂直，如图 1-1-17（b）所示。

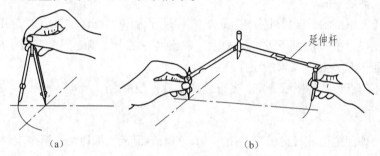

（a）　　　　　　　　　　　　（b）

图 1-1-17　圆规的正确使用

3. 铅笔（Pencil）

根据绘图需要，可选择不同软硬程度的铅笔。常用的型号为 2H、H、HB、B、2B。H 表示硬度，H 前数字越大，铅芯越硬；B 表示软度，B 前数字越大，铅芯越软；HB 软硬适中。其选用推荐如下：打底稿用 H、2H；加深直线用 HB、B；加深圆用 B、2B；写字用 HB。

铅笔的铅芯一般用砂纸磨成所需的形状，画底稿和写字时，应磨成锥形；加深粗实线时，应磨成矩形，如图 1-1-18 所示。

4. 擦图片（Erasing sheet）

擦图片一般由薄钢片制成，如图 1-1-19 所示。擦图片上有许多缺口，先将缺口对准所需擦去的铅笔线条，然后用橡皮进行擦拭，可不污损图面。

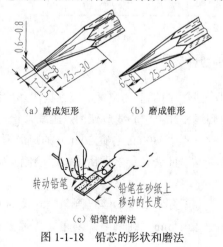

（a）磨成矩形　　　（b）磨成锥形

（c）铅笔的磨法

图 1-1-18　铅芯的形状和磨法

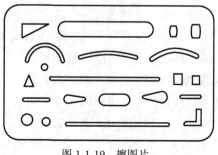

图 1-1-19　擦图片

除了以上介绍的绘图仪器、工具外，绘图时还要用到点圆规、橡皮、小刀、砂纸、量角器、扫灰屑用的小刷、胶带纸等。

任务实施

1. 准备工作

（1）确定图幅。首先查看光轴零件图样上图形的尺寸，无论是横向的还是纵向的尺寸，大家会发现所有的尺寸都是不带单位的，机械图样上的尺寸，默认单位为 mm，所有未注明单位的尺寸，其单位都是 mm。

经查看图样上图形的长度尺寸为 80 mm，直径尺寸为 ϕ20 mm，根据尺寸选用图幅 A4。

（2）确定比例。查看图纸下方的标题栏，在比例一栏中，确定图纸选用比例为 1：1。此 1：1 是图中图形与实物相应要素的线性尺寸之比。

确定好上述两点后，将图纸固定，备好绘图工具，准备绘图。

2. 绘制底稿

画底稿时，作图线应该轻而准确。使用 2H 的铅笔很轻很细地画，铅芯应经常修磨以保持尖锐，作图要求准确。画底稿的具体步骤如图 1-1-20 所示。

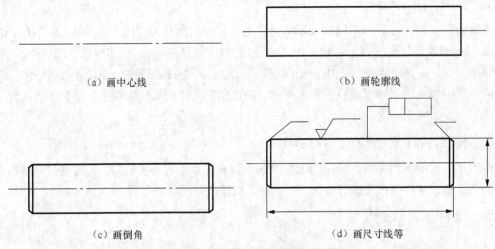

（a）画中心线   （b）画轮廓线

（c）画倒角   （d）画尺寸线等

图 1-1-20 光轴零件图底稿的绘图步骤

（1）画中心线。画底稿首先要考虑到布局，即图形在图纸上的位置。应根据图形的大小、预留标尺寸的足够空间画成 1 条长约 100 mm 的中心线，注意中心线应使用点画线来绘制。

（2）画轮廓线。光轴零件图的图形轮廓线大体是 1 个长 80 mm、宽 20 mm 的矩形框。注意零件图的轮廓线规定用粗实线绘制，但是在绘底稿阶段，此线条仍然要用细实线绘制。画图时，要保证矩形在图框的大致中间位置。

（3）画倒角。图中的 C1 斜线又称为倒角线，其含义为 1 mm×45° 倒角。作图时在矩形的各角上沿水平、竖直方向向矩形框的内部分别量取 1 mm，画出两条倒角线，擦去多余的线条。

（4）画图形上的细实线及标注光轴尺寸的尺寸界线、尺寸线等。作图时注意尺寸线与轮廓线相距 5～10 mm，尺寸界线超出尺寸线 2～3 mm 等相关规定；此外，尺寸线两端箭头和尺寸线上的数字暂时不标，待加深后统一标注。

3. 图形加深

首先对底稿检查一遍，把画错的线和不需要的线全部擦掉。用 2B 铅笔加深粗线，用 HB或者 H 铅笔加深细线。加深时，用力要均匀一致，以免线条粗细、浓淡不均。加深图形时还要勤洗手、勤擦拭绘图工具，以保证画面的清洁。加深时遵照以下规定。

（1）先粗后细。一般先描粗全部粗实线，再加深全部虚线、点画线、细实线等，以提高作图速度和保持同类图线粗细一致。

（2）先曲后直。画同一种线型时，应遵守先曲线后直线的原则，以保证连接圆滑。

（3）先上后下、先左后右。从上而下画水平线，从左到右画垂直线，最后从左到右画斜线，以提高作图速度和保持图面的整洁。

（4）画箭头，填写尺寸数字、相关技术要求和标题栏，确保字体工整。

（5）修饰、校对，完成全图。

最终完成如图 1-1-1 所示的光轴零件图。

知识拓展——斜度和锥度

1. 斜度（Slopes）

斜度是一直线对另一直线或一平面对另一平面的倾斜程度。

斜度大小用该两直线（或两平面）夹角的正切值来度量，并把比值转化成 $1 : n$ 的形式。斜度的画法及标注如图 1-1-21 所示。

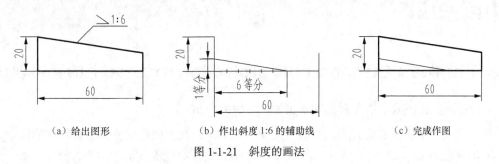

（a）给出图形   （b）作出斜度1:6的辅助线   （c）完成作图

图 1-1-21 斜度的画法

2. 锥度（Tapers）

锥度大小由圆锥角所确定，它指圆锥的底圆直径与高之比。如果是圆锥台，则为底圆和顶圆的直径之差与其高之比。

锥度符号用"◁"表示，锥度也采用简化形式"◁$1 : n$"表示。在标注锥度时应注意使锥度符号的方向与图形的圆锥方向一致，该符号应配置在基准线上，如图 1-1-22 所示。

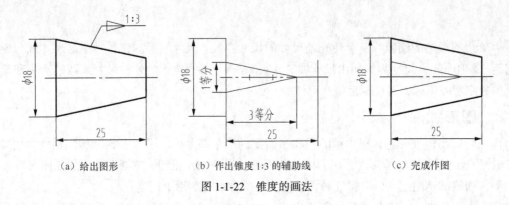

（a）给出图形　　　（b）作出锥度 1:3 的辅助线　　　（c）完成作图

图 1-1-22　锥度的画法

任务 2　光轴零件图样的识读

任务引入与分析

在岗位职业能力中，读零件图是一重要的职业能力，本任务要求完成对光轴零件图样的识读，进一步加深对机械图样的认识。

读光轴零件图样，完成以下任务。

（1）正确分析如图 1-1-1 所示光轴零件图，明确零件图的 4 大组成部分。

（2）运用正投影法的基本理论和圆柱的单面投影等相关知识，想象光轴的空间几何形状。

（3）初步了解图样上有关尺寸标注和技术要求等内容。

相关知识

一、正投影法（Orthographic projection method）的基本理论

1. 投影法的概念（Concept of projection）

在日常生活中，人们看到太阳光或灯光照射物体时，在地面或墙壁上出现物体的影子，这就是一种投影现象。我们把光线称为投射线（或叫投影线），地面或墙壁称为投影面，影子称为物体在投影面上的投影。

下面进一步从几何观点来分析投影的形成。设空间有一定点 S 和任一点 A，以及不通过点 S 和点 A 的平面 P，如图 1-2-1 所示。从点 S 经过点 A 作直线 SA，直线 SA 必然与平面 P 相交于一点 a，则称点 a 为空间任一点 A 在平面 P 上的投影，称定点 S 为投影中心，称平面 P 为投影面，称直线 SA 为投影线。据此，要作出空间物体在投影面上的投影，其实质就是通过物体上的点、线、面作出一系列的投影线与投影面的交点，并根据物体上的线、面关系，对交点进

行恰当的连线。

如图 1-2-2 所示，作△ABC 在投影面 P 上的投影。先自点 S 过点 A、B、C 分别作直线 SA、SB、SC 与投影面 P 的交点 a、b、c，再过点 a、b、c 作直线，连成△abc，△abc 即为空间的△ABC 在投影面 P 上的投影。

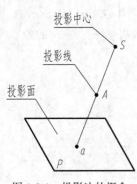

图 1-2-1 投影法的概念

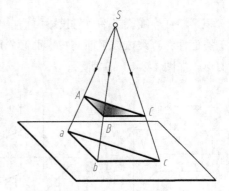

图 1-2-2 中心投影法

上述这种用投射线（投影线）通过物体，向选定的面投影，并在该面上得到图形的方法称为投影法。

2. 投影法的种类及应用（Categories and application of projection）

（1）中心投影法。投影中心距离投影面在有限远的地方，投影时投影线汇交于投影中心的投影法称为中心投影法，如图 1-2-2 所示。

缺点：中心投影不能真实地反映物体的形状和大小，不适用于绘制机械图样。

优点：有立体感，工程上常用这种方法绘制建筑物的透视图。

（2）平行投影法。投影中心距离投影面在无限远的地方，投影时投影线都相互平行的投影法称为平行投影法，如图 1-2-3 所示。

根据投影线与投影面是否垂直，平行投影法又可以分为以下两种。

① 斜投影法——投影线与投影面相倾斜的平行投影法，如图 1-2-3（a）所示。

② 正投影法——投影线与投影面相垂直的平行投影法，如图 1-2-3（b）所示。

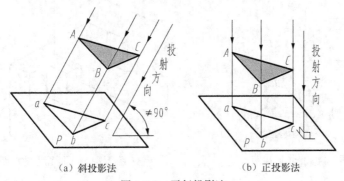

（a）斜投影法   （b）正投影法

图 1-2-3 平行投影法

正投影法优点：能够表达物体的真实形状和大小，作图方法也较简单，所以广泛用于绘制机械图样。

3．正投影法的基本性质（Basic properties of the Orthographic projection）

（1）真实性：当线段或平面与投影面平行时，其反映实长或实形投影，如图 1-2-4（a）所示。

（2）积聚性：当线段或平面与投影面垂直时，投影积聚，如图 1-2-4（b）所示。

（3）类似性：当线段或平面与投影面倾斜时，其线段投影小于实长；平面的投影为小于实形的类似形，如图 1-2-4（c）所示。

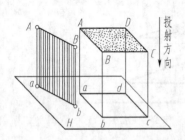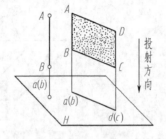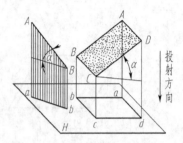

（a）线、面平行投影面，投影具有真实性　（b）线、面垂直投影面，投影具有积聚性　（c）线、面倾斜投影面，投影具有类似性

图 1-2-4　正投影法的基本性质

4．单面视图的形成（Forming of one-plane view）

在机械制图中，通常假设人的视线为一组平行的、且垂直于投影面的投影线，这样在投影面上所得到的正投影称为视图。视图一般只画机件的可见部分，必要时才画其不可见部分。将物体上每一个面（平面或曲面），根据其相对投影面的不同位置画出或真实性投影、或积聚性投影、或类似性投影，综合起来就得到物体的单面视图，如图 1-2-5 所示。

一般情况下，一个视图不能确定物体的形状。如图 1-2-6 所示，两个形状不同的物体，它们在投影面上的投影都相同。因此，要反映物体的完整形状，必须增加由不同投影方向所得到的几个视图，互相补充，才能将物体表达清楚。工程上常用的是三视图。

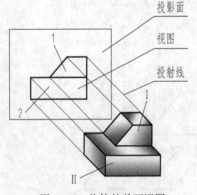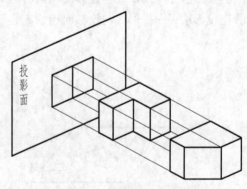

图 1-2-5　物体的单面视图　　　　　　　　图 1-2-6　不同物体的单面视图

二、圆柱体和圆锥体的单面视图（One-plane view of cylinder and cone）

当圆柱体的轴线与投影面平行时，如图 1-2-7（a）所示，圆柱轴线的投影用细点画线表示，

圆柱面的最上、最下两条轮廓线的投影用粗实线表示，圆柱两个底面的投影具有积聚性，投影也用粗实线表示。这样圆柱的单面投影为一带中心线的矩形，矩形的长即为圆柱的轴向长度，矩形的宽即为圆柱的直径，如图 1-2-7（b）所示。

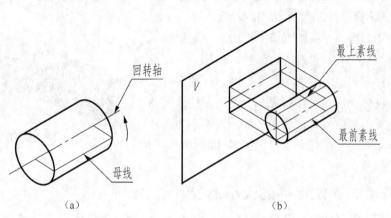

图 1-2-7　圆柱体的单面视图

当圆锥体的轴线与投影面平行时，如图 1-2-8（a）所示，圆锥轴线的投影用细点画线表示，圆锥面的最上、最下两条轮廓线的投影用粗实线表示，圆锥底面的投影具有积聚性，投影也用粗实线表示。这样圆锥的单面投影为一带中心线的等腰三角形，等腰三角形的高即为圆锥的轴向长度，等腰三角形底边长即为圆锥底面的直径，如图 1-2-8（b）所示。

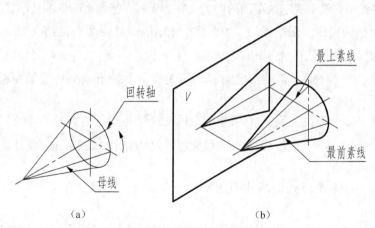

图 1-2-8　圆锥的单面视图

一般对于圆柱体、圆锥体这样的回转体，仅用单面视图就可以反映它们的空间形状了。

任务实施

1．读标题栏，获取零件的基本信息

通过读标题栏可知，该零件的名称是光轴，该零件选用的材料为 45 钢，绘制该零件图样采用的绘图比例为 1∶1（即图中线性尺寸与零件实际尺寸之比）。

2. 读视图，想象零件的结构形状

由图样采用正投影法可知，视图中的每条图线，都是零件上、或棱线、或中心线、或零件表面的投影，识读零件的视图，就是将平面的线条或者线框与其所代表的空间含义对应起来，完成由平面二维图形向三维空间结构的转换。

该零件图中只有一个视图，该图形由一个矩形框、两个梯形框和一条中心线组成，由圆柱、圆锥的单面投影可知，该零件所表达的空间结构是中间为一轴线与投影面平行的圆柱体，两侧的体积很小，为与圆柱体同轴的两圆台。这样的形体通常被称为光轴，两端小的圆台通常被称为倒角结构。由此可想象出该零件的空间结构如图1-2-9所示。

图1-2-9 光轴轴测图

3. 读尺寸，确定零件的大小形状

该视图上所标注尺寸有直径尺寸 $\phi20$、长度尺寸 80，两个倒角尺寸 $C1$（表示倒角圆台的高为 1 mm，对应的圆锥面的角度为 45°），由此可知，确定该光轴的形状大小共有 4 个尺寸。

4. 读技术要求，明确零件的制造质量要求

为了使零件达到预定的设计要求，保证零件的使用性能，在零件图样上还必须注明零件在制造过程中必须达到的质量要求，即技术要求。技术要求一般应尽量用技术标准规定的代号（符号）标注在零件图中，没有规定的可用简明的文字逐项写在标题栏附近的适当位置。

（1）读表面结构要求。图中标注 $\sqrt{Ra1.6}$ 是对光轴的圆柱面的表面结构要求，其含义是该面的表面粗糙度 Ra 的上限值为 1.6μm，标题栏上方标注 $\sqrt{Ra6.3}$ $\sqrt{}$ 是对光轴除圆柱面外的其他所有表面的表面结构要求，其含义是除圆柱面外的其他所有表面的表面粗糙度 Ra 的上限值为 6.3μm。

（2）读尺寸公差和形位公差要求。图中标注 $\phi20^{+0.013}_{0}$ 是对光轴直径尺寸的公差要求，其含义是直径方向的最小极限尺寸为 $\phi20$ mm，最大极限尺寸为 $\phi20.013$ mm，设计要求该轴的实际尺寸应在此范围内变动。

图中标注 $\boxed{\bigcirc\ 0.006}$ 是对光轴圆柱面的形状公差要求，其含义是该圆柱面的圆度公差值为 0.006mm。

（3）读技术要求的文字。零件图右下侧技术要求的文字为"调质 220～250HBS"，说明该轴在加工过程中需要经过调质处理，使轴的表面硬度达到 220～250HBS，以提高零件材料的韧性和强度。所谓调质是淬火加高温回火的一种热处理方法。

知识拓展——零件图的作用和内容

1. 零件图的作用（Function of detail drawings）

零件图是表示零件结构、大小及技术要求的图样。任何机器或部件都是由若干零件按一定要求装配而成的。图1-2-10所示的铣刀头是铣床上的一个部件，供装铣刀盘用。它是由座体7、

轴6、端盖10、带轮5等10多种零件组成。其中6号件轴的零件图与图1-1-1类似，均为轴套类零件的图样。零件图是制造和检验零件的主要依据，是指导生产的重要技术文件。

2. 零件图的内容（Content of detail drawings）

零件图是生产中指导制造和检验该零件的主要图样，它不仅仅是把零件的内、外结构形状和大小表达清楚，还需要对零件的材料、加工、检验、测量提出必要的技术要求。零件图必须包含制造和检验零件的全部技术资料。因此，一张完整的零件图一般应包括以下几项内容（见图1-1-1）。

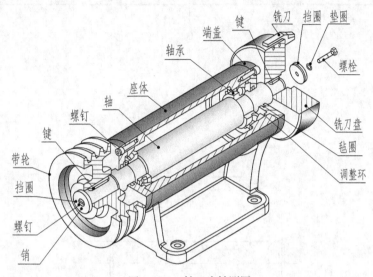

图 1-2-10　铣刀头轴测图

（1）一组图形：用于正确、完整、清晰和简便地表达出零件内外形状的图形，其中包括机件的各种表达方法，如视图、剖视图、断面图、局部放大图和简化画法等。

（2）完整的尺寸：零件图中应正确、完整、清晰、合理地注出制造零件所需的全部尺寸。

（3）技术要求：零件图中必须用规定的代号、数字、字母和文字注解，说明制造和检验零件时在技术指标上应达到的要求。如表面粗糙度、尺寸公差、形位公差、材料和热处理、检验方法以及其他特殊要求等。技术要求的文字一般注写在标题栏上方图纸的空白处。

（4）标题栏：标题栏应配置在图框的右下角。它一般由更改区、签字区、其他区、名称以及代号区组成。填写的内容主要有零件的名称、材料、数量、比例、图样代号，以及设计、审核、批准者的姓名、日期等。

任务3　加键槽轴零件图样的绘制

任务引入与分析

机械零件根据其在机器中的用途、形状特征和加工方法，大体分为轴套类、盘盖类、叉架类和箱体类，本任务通过绘制加键槽轴的零件图，确立对轴套类零件图样的初步概念。

正确分析图 1-3-1 所示的加键槽轴的零件图样，完成以下任务。

（1）明确零件图的表达意图，查表确定键槽的形状尺寸。

（2）根据断面图的画法规定，选择合适的位置补画键槽断面图。

（3）按照轴套类零件的表达方法重新绘制该轴的零件图样。

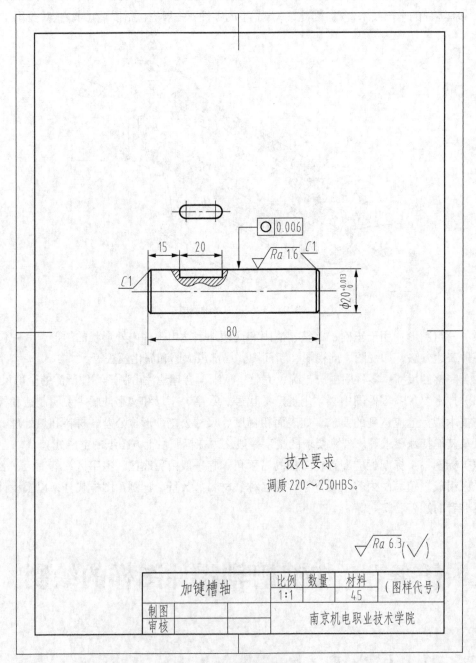

图 1-3-1　加键槽轴零件图

相关知识

一、断面图（Cross-sections）

1. 断面图的概念（Concept of cross-sections）

假想用剖切平面将机件在某处切断，只画出切断面形状的投影并画上规定的剖面符号的图形，称为断面图，简称为断面。其画法如图 1-3-2 所示。

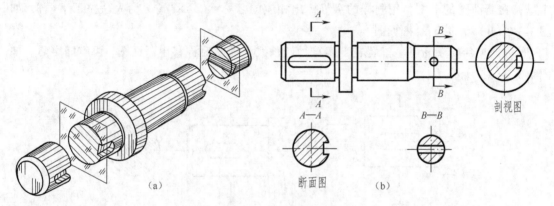

图 1-3-2　断面图的画法

2. 移出断面图（Removed cross-sections）

（1）概念。画在视图轮廓之外的断面图称为移出断面图。如图 1-3-2（b）所示断面即为移出断面。

（2）画法要点。

① 移出断面的轮廓线用粗实线画出，断面上画出剖面符号［间隔均匀、方向一致（多为45°）的一组细实线］。移出断面应尽量配置在剖切平面的延长线上，必要时也可以画在图纸的适当位置。

② 当剖切平面通过由回转面形成的圆孔、圆锥坑等结构的轴线时，这些结构应按剖视画出，如图 1-3-3 所示。

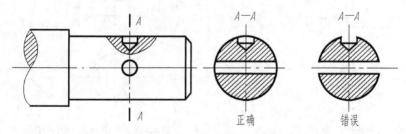

图 1-3-3　通过圆孔等回转面的轴线时断面图的画法

③ 当剖切平面通过非回转面，会导致出现完全分离的断面时，这样的结构也应按剖视画出，如图 1-3-4 所示。

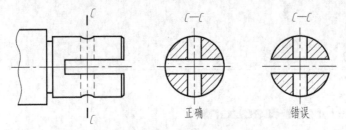

图 1-3-4　出现完全分离两部分时断面图的画法

3. 剖切位置与标注（Position of the cutting plane and identification）

（1）完全标注。移出断面图一般用剖切符号表示剖切位置，用箭头表示投射方向，并注上字母；在断面图的上方，用同样的字母标出相应的名称"×—×"（×为大写拉丁字母），如图 1-3-2（b）中的 *A—A* 断面图。

（2）省略字母的标注。配置在剖切符号延长线上的不对称移出断面图，可省略字母，如图 1-3-5（a）所示。

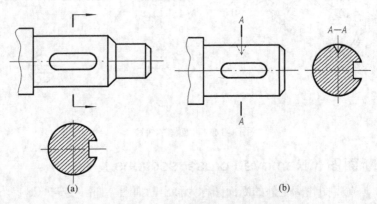

图 1-3-5　移出断面图的省略标注

（3）省略箭头的标注。不配置在剖切线延长线上的对称的移出断面图，如图 1-3-6 所示，以及按投射关系配置的不对称移出断面，如图 1-3-5（b）所示，均可省略箭头。

（4）省略标注。配置在剖切线延长线上的对称移出断面如图 1-3-7 所示，不必标注。

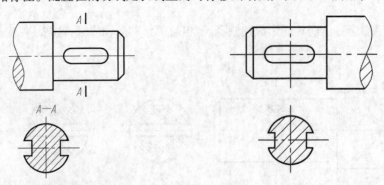

图 1-3-6　移出断面图的省略箭头标注　　　　图 1-3-7　移出断面图的省略标注

二、局部视图（Partial view）

在图 1-3-1 中，为了简便绘图，仅画出表达键槽形状的图形，并把它配置在基本视图的正上方，局部地表达键槽结构的形状。这种将机件的部分结构向基本投影面投影所得的视图称为局部视图。

三、剖视图和局部剖视图（Sectional views and local sectional views）

在机械制图中为了清晰地表示机件内部形状，国家标准《图样画法》中规定可用剖视方法来表示。

1. 剖视图的基本概念（Basic concept of sectional views）

假想用剖切面剖开机件，将处在观察者和剖切面之间的部分移去，而将其余部分向投影面投射所得图形，称为剖视图，简称剖视，如图 1-3-8 所示。

2. 局部剖视图的概念（Concept of local sectional views）

图 1-3-9 是轴类零件局部剖视图的形成过程，用来表达轴上键槽的结构形状。这种用假想的剖切面局部地剖开机件，所得的剖视图称为局部剖视图。

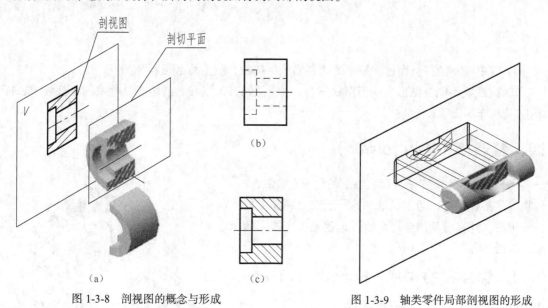

图 1-3-8　剖视图的概念与形成　　　　图 1-3-9　轴类零件局部剖视图的形成

3. 剖视图的规定画法（Conventional representation of sectional views）

（1）画剖视图时，要选择适当的剖切位置，使剖切平面尽量通过较多的内部结构（孔、槽等）的轴线或对称平面，并平行于选定的投影面。

（2）内外轮廓要画齐。机件剖开后，处在剖切平面之后的所有可见轮廓线都应画齐，不得遗漏。

（3）要画上剖面符号。在绘制剖视图时，通常在机件的剖面区域画出剖面符号，以区别剖开与未剖开的部分。

国家标准规定，表示金属材料的剖面区域，采用通用的剖面线，即以适当角度的细实线绘制，最好与主要轮廓或剖面区域的对称线成45°，如图 1-3-10（a）所示。当图形的主要轮廓与

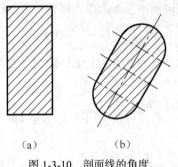

（a）　　　　（b）

图 1-3-10　剖面线的角度

水平线成 45° 时，该图形的剖面线应与水平线成 30° 或 60°，如图 1-3-10（b）所示，其倾斜方向仍与其他图形的剖面线一致。

应注意，同一物体的各个剖面区域，其剖面线的画法应一致，即：间距相等、方向相同。不同物体的剖面区域，其剖面线应加以区分。

（4）局部剖视图上波浪线的规定画法。表示视图与剖视范围的波浪线，可看作机件断裂痕迹的投影，波浪线的画法应注意以下几点。

① 波浪线不能超出图形轮廓线，如图 1-3-11（a）所示。

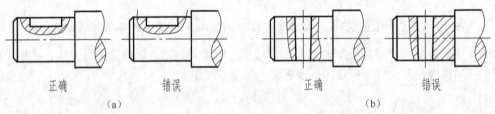

正确　　　　错误　　　　　　　　　正确　　　　错误
（a）　　　　　　　　　　　　　　（b）

图 1-3-11　波浪线的画法

② 波浪线不能穿空而过，如遇到孔、槽等结构时，波浪线必须断开。

③ 波浪线不能与图形中任何图线重合，也不能用其他线代替或画在其他线的延长线上，如图 1-3-11（b）所示。

四、键连接（Key joints）

在机器中，为了使轴与套在轴上的轮子（如带轮、齿轮）连接在一起，通常在轴和轮子上面分别加工出一个键槽，并在键槽内装一个键，这就是键连接，如图 1-3-12 所示。

1. 键连接的作用（Function of key joints）

键主要用于轴和轴上的零件（如带轮、齿轮等）之间的连接，起着传递扭矩的作用。如图 1-3-12 所示，将键嵌入轴上的键槽中，再将带有键槽的齿轮装

图 1-3-12　键连接

在轴上，当轴转动时，因为键的存在，齿轮就与轴同步转动，达到传递动力的目的。

2. 键的种类及其标记（Categorizing and marking of the different key）

常用的键有普通平键、半圆键、钩头楔键等三种，如图 1-3-13 所示，其中普通平键应用最广。普通平键根据其头部结构的不同可以分为圆头普通平键（A 型）、平头普通平键（B 型）和单圆头普通平键（C 型）三种型式，如图 1-3-14 所示。

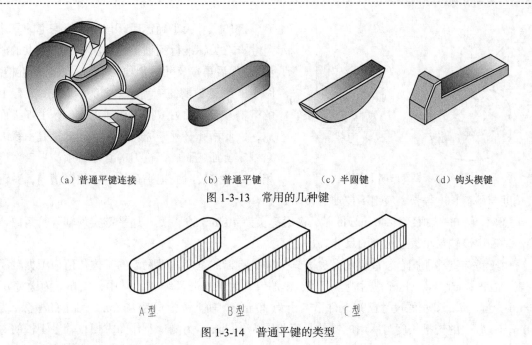

| （a）普通平键连接 | （b）普通平键 | （c）半圆键 | （d）钩头楔键 |

图 1-3-13　常用的几种键

图 1-3-14　普通平键的类型

常用键的型式和规定标记见表 1-3-1。

表 1-3-1　　　　　　　　　　　键的型式和标记示例

名称	标准号	图　例	标　记
普通平键	GB/T 1096—2003		GB/T 1096　键 16×10×100 圆头 A 型平键、$b=16$mm、$h=10$mm、$L=100$ mm GB/T 1096　键 B18×11×100 平头 B 型平键、$b=18$mm、$h=11$mm、$L=100$ mm
半圆键	GB/T 1099.1—2003		GB/T 1099.1　键 6×10×25 半圆键、$b=6$mm、$h=10$mm、$D=25$mm
钩头楔键	GB/T 1565—2003		GB/T 1565　键 18×100 钩头楔键、$b=18$mm、$h=11$mm、$L=100$mm

3. 普通平键及键槽的画法（Representation of common parallel keys and keyways）

　　与如图 1-3-1 所示加键槽轴配套的键为 A 型普通平键，其大小尺寸应该根据轴的直径 d 选用。键的结构尺寸，可参见附表。键的长度应该选用标准尺寸，但必须小于轮毂的长度。

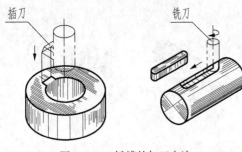

图 1-3-15　键槽的加工方法

键的型号大小确定后，首先要根据键的具体尺寸查有关标准得到轴上的槽深 t 和轮毂上的槽深 t_1，然后再按尺寸分别加工轴和轮毂上的键槽。图 1-3-15 为键槽的一种加工方法示意图，轮毂上的键槽一般用插刀或拉刀在插床或拉床上加工而成，因此槽孔必须开通。而轴上的键槽是由铣刀在铣床上加工而成，铣刀的直径必须与平键宽度相同。键安装时先把平键放入轴的键槽内，其键槽长度与平键长度等长，使键不在轴上移动。

【例】已知一轴径为 $\phi40$ mm 的轴，将用键长为 40 mm 的 A 型普通平键实现轴与轮毂的连接，试确定该轴与轮毂上键槽的尺寸。

由于键与键槽相配合，故键的宽度 b 即为轴上键槽的宽度，键宽 b 的具体数值应根据轴径查表。故根据 d 为 $\phi40$ mm 查附表 1 可得：键的尺寸为 12 mm×8 mm，其中，12 mm 为键宽 b，8 mm 为键高 h，键长的尺寸已知条件已给出为 40 mm。轴上键槽宽为 12 mm，轴上的槽深 t 为 5.0 mm，轴上的键槽长度与所用的键的长度相同为 40 mm。为测量及作图方便，轴上键槽的深度用 $d-t$ 来表示，如图 1-3-16 所示。

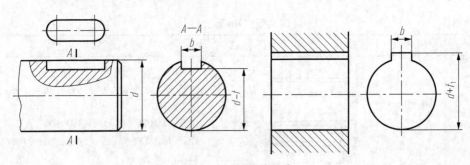

图 1-3-16　键槽的尺寸

与轴配合使用的轮毂上的键槽宽与键宽相同，根据轮毂上孔的直径为 $\phi40$ mm 查附表 1 确定：轮毂上键槽宽为 12 mm，轮毂上的槽深 t_1 为 3.3 mm，轮毂上的键槽为开通的。为测量及作图方便，轮毂上槽的深度尺寸用 $d+t_1$ 来表示，如图 1-3-16 所示。以上即为键槽尺寸的确定方法。

任务实施

1. 准备工作

（1）确定图幅。首先查看零件图样上图形的尺寸，图形的长为 80 mm，直径尺寸为 $\phi20$ mm，根据尺寸选用图幅 A4。

（2）确定比例。查看图纸下方的标题栏，在比例一栏中，确定图纸选用比例为 1∶1。确定好上述两点后，将图纸固定，备好绘图工具，准备绘图。

2. 绘制底稿

画底稿时，作图线应该轻而准确。使用 2H 的铅笔很轻很细地画，铅芯应经常修磨以保持尖锐，作图要求准确。画底稿的具体步骤如图 1-3-17 所示。

（1）绘制光轴。根据先导任务内容，按步骤绘制中心线、轮廓线等，可绘制未开键槽之前的光轴的零件图底稿，如图 1-3-17（a）所示。

（2）绘制键槽。主视图上的键槽部分，由键槽的直线、剖面线以及波浪线组成。在基本视图上距离左端面 15 mm 位置处，先绘制一矩形线框，该线框的长度为键槽的长度 20 mm，高度查附表 1 可得，轴上键槽深为 3.5 mm。矩形框的外部，用波浪线绘制断裂边界线，绘制的时候，注意用细实线绘制成大波浪的形式。然后用 45°斜线绘制剖面线，即可得键槽的局部剖视图，如图 1-3-17（b）所示。

键的局部视图是一个两头圆中间方的框，应该布置在基本视图键槽的正上方，长度和键槽的长度一致为 20 mm，宽度查表可得为 6 mm，在绘制图过程中注意长对正，如图 1-3-17（c）所示。

（3）画断面图，绘制图形上的细实线及标注尺寸的尺寸界线、尺寸线等。尺寸线两端箭头可暂时不画，尺寸线上可暂时不写数字，留待加深后统一标注，如图 1-3-17（d）所示。

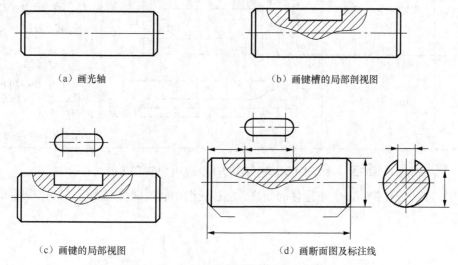

（a）画光轴　　　　　　　　　　　　　（b）画键槽的局部剖视图

（c）画键的局部视图　　　　　　　　　　（d）画断面图及标注线

图 1-3-17　加键槽轴的零件图底稿绘制过程

3. 图形加深

加深描粗图形的具体方法和步骤见任务 1 所示。

知识拓展——销连接（Pin joints）

1. 常用销及标记（Marking of common used pin）

销是标准件，主要用来固定零件之间的相对位置，起定位作用，也可用于轴与轮毂的连接，传递不大的载荷，还可作为安全装置中的过载剪断元件。销的常用材料为 35、45 钢。

常用的销有圆柱销、圆锥销、开口销。圆柱销利用微量过盈固定在销孔中，经过多次装拆后，连接的紧固性及精度降低，故只宜用于不常拆卸处。圆锥销有 1∶50 的锥度，装拆比圆柱销方便，多次装拆对连接的紧固性及定位精度影响较小，因此应用广泛。开口销用于螺纹连接的锁紧装置。常用销的型式和标记见表 1-3-2。

表 1-3-2　　　　　　　　　　　　　销的型式和标记

名　称	标　准　号	图　例	标记示例
圆锥销	GB/T 117—2000	$r_1 \approx d$　　$r_2 \approx \dfrac{a}{2} + d + \dfrac{(0.02l)^2}{8a}$	直径 d=10 mm，长度 l=100 mm，材料为 35 钢，热处理硬度 28～38HRC，表面氧化处理的 A 型圆锥销 销 GB/T 117 10×100
圆柱销	GB/T 119.1—2000	≈15°	直径 d=10 mm，公差为 m6，长度 l=80 mm，材料为钢，不经表面处理的圆柱销 销 GB/T 119.1　10m6×80
开口销	GB/T 91—2000		公称规格为 4 mm（指销孔直径），l=20 mm，材料为低碳钢，不经表面处理的开口销 销 GB/T 91　4×20

2. 销连接的画法（Representation of pin joints）

图 1-3-18 为圆柱销、圆锥销连接的画法。在连接图中，当剖切平面通过销孔轴线时，销按不剖处理。

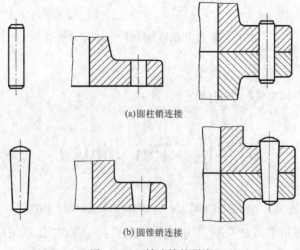

(a)圆柱销连接

(b)圆锥销连接

图 1-3-18　销连接的画法

任务4 加键槽轴零件图样的识读

任务引入与分析

　　根据岗位职业能力，为使机件的结构形状表达得更为清楚，常用多种表示方法。本任务通过识读加键槽轴的零件图样，明确读零件图的一般方法和步骤。

　　正确分析如图1-3-1所示加键槽轴零件图样，完成以下任务。

　　（1）分析该零件图，明确零件图样的各个组成部分的具体作用。

　　（2）运用三视图的投影规律、曲面立体的投影等相关知识，形成加键槽轴的空间想象。

　　（3）初步分析该零件图上的尺寸标注，并初步了解图样上的表面结构要求、尺寸公差和形位公差等的技术要求的含义。

相关知识

　　一般情况下，一个视图不能确定物体的形状。如图1-4-1所示，3个形状不同的物体，它们在投影面上的投影都相同。因此，要反映物体的完整形状，必须增加由不同投影方向所得到的几个视图，互相补充，才能将物体表达清楚。工程上常用的是三视图。

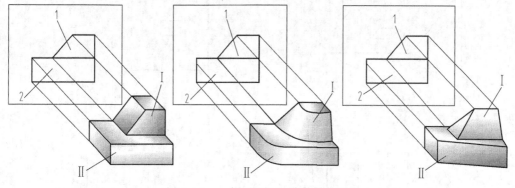

图1-4-1　一个视图表示不同物体形状

一、三视图的概念和形成（Concept and forming of the three views）

1. 三投影面体系（Three-projection-plane system）

　　为了准确表达物体的形状，通常选取三个互相垂直的平面，建立一个三投影面体系，如图1-4-2所示。

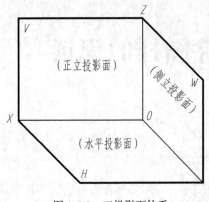

图 1-4-2　三投影面体系

正立投影面（简称正面）：正对观察者的投影面，用 V 表示；

水平投影面（简称水平面）：水平位置的投影面，用 H 表示；

侧立投影面（简称侧面）：右边侧立的投影面，用 W 表示。

互相垂直的两个投影面之间的交线称为投影轴，分别如下。

OX 轴——V 面与 H 面的交线，代表左右长度方向；

OZ 轴——V 面与 W 面的交线，代表上下高度方向；

OY 轴——W 面与 H 面的交线，代表前后宽度方向。

3 根投影轴的交点称为原点，用字母 O 表示。

2.　三视图的形成（Forming of the three views）

将物体放在三投影面体系中，物体的位置处在人与投影面之间，然后将物体对各个投影面进行投影，得到 3 个视图，这样才能把物体的长、宽、高 3 个方向，上下、左右、前后 6 个方位的形状表达出来，如图 1-4-3（a）所示。3 个视图分别如下。

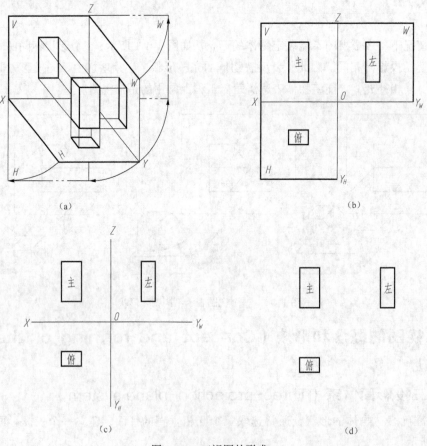

（a）　　　　　　　　　　（b）

（c）　　　　　　　　　　（d）

图 1-4-3　三视图的形成

主视图：从前往后进行投影，在正立投影面（V面）上所得到的视图。

俯视图：从上往下进行投影，在水平投影面（H面）上所得到的视图。

左视图：从左往右进行投影，在侧立投影面（W面）上所得到的视图。

3. 三投影面体系的展开（Developments of three-projection-plane system）

在实际作图中，为了画图方便，需要将3个投影面在一个平面（纸面）上表示出来，规定：使V面不动，H面绕OX轴向下旋转90°与V面重合，W面绕OZ轴向右旋转90°与V面重合，这样就得到了在同一平面上的三视图，如图1-4-3（b）所示。可以看出，俯视图在主视图的下方，左视图在主视图的右方。

在这里应特别注意的是：同一条OY轴旋转后出现了两个位置，因为OY是H面和W面的交线，也就是两投影面的共有线，所以OY轴随着H面旋转到OY_H的位置，同时又随着W面旋转到OY_W的位置。为了作图简便，投影图中不必画出投影面的边框，如图1-4-3（c）所示。由于画三视图时主要依据投影规律，所以投影轴也可以进一步省略，如图1-4-3（d）所示。

3个视图的相对位置保持不动，称为按投影关系配置，3个视图的名称不必标注。

二、三视图的投影规律（Projective rules of the three views）

从图1-4-4可以看出，一个视图只能反映2个方向的尺寸，主视图反映了物体的长度和高度，俯视图反映了物体的长度和宽度，左视图反映了物体的宽度和高度。由此可以归纳出三视图的投影规律：

主、俯视图"长对正"（即等长）；

主、左视图"高平齐"（即等高）；

俯、左视图"宽相等"（即等宽）。

三视图的投影规律反映了三视图的重要特性，也是画图和读图的依据。无论是整个物体还是物体的局部，其三面投影都必须符合这一规律。

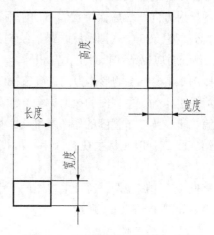

图1-4-4　三视图间的"三等"关系

三、三视图与物体方位的对应关系（Positional corresponding relationship of the three views and objects）

物体有长、宽、高3个方向的尺寸，有上下、左右、前后6个方位关系，如图1-4-5（a）所示。6个方位在三视图中的对应关系如图1-4-5（b）所示。

主视图反映了物体的上下、左右4个方位关系；

俯视图反映了物体的前后、左右4个方位关系；

左视图反映了物体的上下、前后4个方位关系。

以主视图为中心，俯视图、左视图靠近主视图的一侧为物体的后面，远离主视图的一侧为物体的前面。

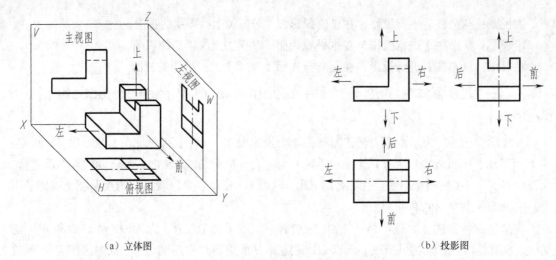

（a）立体图　　　　　　　　　　　　　　（b）投影图

图 1-4-5　三视图的方位关系

四、三视图的作图方法（Constructing methods of the three views）

绘制形体的三视图时，首先应分析形状，摆正物体（使其主要表面与投影面平行），选好主视图的投射方向，然后保持物体不动，用视线模拟投射线，从前往后看，从上往下看，从左往右看，分别想象 3 个视图形状，最后绘制三视图。注意：由物体画三视图，每个尺寸只能测量1 次，作图时应保证"长对正，宽相等，高平齐"的关系。

以图 1-4-6（a）的形体为例，画三视图的步骤如下。

第一步，确定主视图的投射方向，想象 3 个视图的形状，如图 1-4-6（a）所示。

第二步，画 3 个视图的作图基准线，如图 1-4-6（b）所示。

第三步，一般先从主视图入手，根据物体的长、高确定主视图的形状，如图 1-4-6（c）所示。

第四步，作俯视图，通过主视图向下引垂线，确保主、俯视图长对正，同时根据宽度尺寸，作俯视图如图 1-4-6（d）所示。

（a）　　　　　　　　　　　　　　　　　　（b）

图 1-4-6　三视图的作图过程

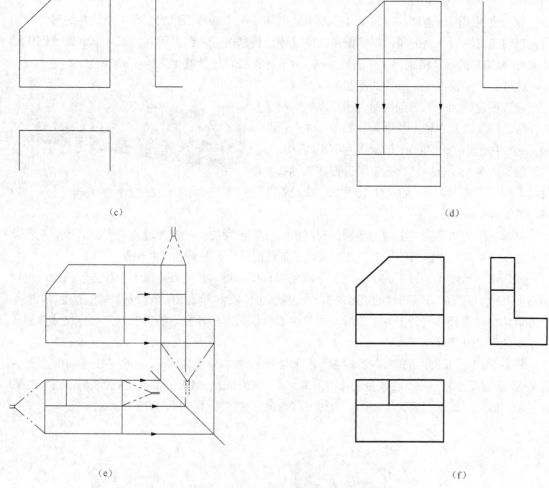

图 1-4-6　三视图的作图过程（续）

第五步，作左视图，从主视图向右引水平线，确保主、左视图高平齐，同时应特别注意保证俯、左视图宽相等，如图 1-4-6（e）所示。

最后核对三视图的底稿，确定无误后，擦掉作图线，描粗加深视图图线，完成三视图，如图 1-4-6（f）所示。

任务实施

1. 读标题栏，获取零件的基本信息

由图 1-3-1 的标题栏可知：该零件的名称为加键槽轴，该零件选用的材料为 45 钢。绘制该零件图样所采用的绘图比例为 1∶1。

2. 读视图，想象零件的结构形状

该零件图共由三个图形构成，分别为主视图、断面图、局部视图，其中为了表达轴上键槽

的结构，主视图采用了局部剖视的表达方式。

分析主视图的主体结构，是由 1 个矩形线框和 2 个小梯形框组成，有 1 条公共的对称中心线，表明该视图所表达的是两端带倒角的圆柱轴。再通过主视图上标注的尺寸 $\phi20$ 以及倒角尺寸 C1，可知它的基本结构为 1 个直径为 $\phi20$ mm 的圆柱体，两端倒角为 1 mm×45°。

此外，在主视图上，细实线绘制的波浪线和剖面线表明此处为一局部剖视图，用于表达键槽的长度、深度及其在轴上的位置，如图 1-4-7 所示。由图中的尺寸 15 可知，键槽最左侧距离轴左端面的距离为 15 mm，从而确定了键槽在该轴的轴线方向的位置。由图中的尺寸 20 可知，此处键槽的长度为 20 mm。

图 1-4-7　加键槽轴空间想象

局部视图的图形为一两端为半圆的长圆形，注意半圆的直径即为键槽宽度，两半圆左右象限点之间的距离即为键槽的长度。此图表达了键槽的外形，与键的形状相同。

断面图［见图 1-3-17（d）］是由 2 条圆的对称中心线、1 段圆弧和 1 个长方形的切口组成的图形。圆弧线段的直径与轴的直径相同，长方形切口表示了键槽的方位和尺寸（宽度、深度），长方形切口的位置在圆的上方、前后对称的位置，表明键槽开在轴的正上方，具体尺寸参见任务 3 中任务完成情况。

将各个图形所表达的空间含义综合起来可得：两端带倒角（C1）的圆柱光轴的直径为 $\phi20$ mm，总长为 80 mm。在该轴正上方开有一长为 20 mm、宽为 6 mm、深为 3.5 mm 的键槽，该键槽左侧距离轴左端面为 15 mm。因此可以想象出它的立体图形，如图 1-4-8 所示。

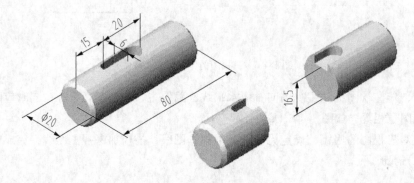

图 1-4-8　加键槽轴空间分析

3. 读尺寸，确定零件的大小形状

确定该轴主要的形状尺寸有 4 个：$\phi20$，80，C1，C1；确定轴上键槽的形状尺寸有 3 个：20，6，16.5；确定键槽的左右位置的尺寸有 1 个：15。采用以上尺寸能够完整清晰地表达该轴的形状大小。

4. 读技术要求，明确零件的制造质量要求

图中标注的此加键槽轴的表面结构要求，尺寸和形位公差，以及技术要求的文字与任务 2 中光轴的此部分内容类似，具体分析可参见该部分内容。

知识拓展——表面结构（Surface texture）

零件在加工过程中，受刀具的形状和刀具与工件之间的摩擦、机床的震动及零件金属表面的塑性变形等因素，表面不可能绝对光滑，如图 1-4-9 所示。零件表面上这种具有较小间距的峰谷所组成的微观几何形状特征称为零件表面结构。

零件表面结构是评定零件表面质量的一项重要的技术指标，对于零件的配合、耐磨性、抗腐蚀性及密封性都有显著的影响，所以零件表面结构是零件图中不可缺少的一项技术要求。国家标准《产品几何技术规范（GPS）技术产品文件中表面结构的表示法》（GB/T 131—2006）中规定了零件表面结构的表示方法。

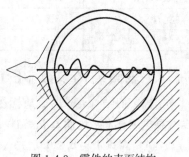

图 1-4-9　零件的表面结构

1. 表面结构的图形符号（Symbols of surface texture）

在国标 GB/T 131—2006 中规定了表面结构的图形符号，见表 1-4-1。

表 1-4-1　　　　　　　　　　表面结构图形符号

符　号	名　称	含　义
	基本图形符号	未指定加工方法的表面，通过注释可以单独使用
	扩展图形符号	用去除材料的方法获得的表面，仅当其含义为"被加工表面"时可单独使用
		用不去除材料的方法获得的表面，也可用于保持上道工序形成的表面，不管这种状况是通过去除材料或不去除材料形成的
	完整图形符号	对上述 3 个符号的长边加一横线，用于对表面结构有补充要求的标注
		对上述 3 个符号上加一小圆，表示在图样某个视图上构成封闭轮廓的各表面有相同的表面结构要求
	补充要求的注写	位置 a 注写表面结构的单一要求，位置 a 和 b 注写两个或多个要求，位置 c 注写加工方法，位置 d 注写表面纹理和方向，位置 e 注写加工余量

2. 表面结构图形符号的画法及有关规定（Drawing and relevant provisions of the surface texture symbols）

表面结构图形符号的画法如图 1-4-10 所示，图形符号及附加标注的尺寸见表 1-4-2。

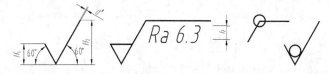

图 1-4-10　表面结构图形符号的画法

表 1-4-2		表面结构图形符号及附加标注的尺寸					（mm）
数字和字母的高度	2.5	3.5	5	7	10	14	20
符号线宽 d'	0.25	0.35	0.5	0.7	1	1.4	2
字母线宽 d	0.25	0.35	0.5	0.7	1	1.4	2
高度 H_1	3.5	5	7	10	14	20	28
高度 H_2（最小值）	7.5	10.5	15	21	30	42	60

3. 表面结构参数（Surface texture parameters）

给出表面结构要求时，应标注其参数代号和相应数值（单位：μm）。表面结构常用的评定参数是轮廓算术平均偏差 Ra 和轮廓最大高度 Rz。

（1）轮廓算术平均偏差 Ra（Arithmetical mean deviation of the profile Ra）。如图 1-4-11 所示，在一个取样长度内纵坐标值 $Z(x)$ 绝对值的算术平均值：

$$Ra = \frac{1}{l}\int_0^l |Z(x)| \mathrm{d}x$$

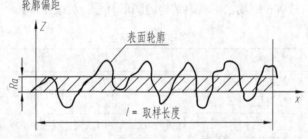

图 1-4-11　轮廓算术平均偏差（Ra）

（2）轮廓最大高度 Rz（Maximum height of the profile Rz）。如图 1-4-12 所示，在一个取样长度内，最大轮廓峰高 Zp 和最大轮廓谷深 Zv 之和为轮廓最大高度。

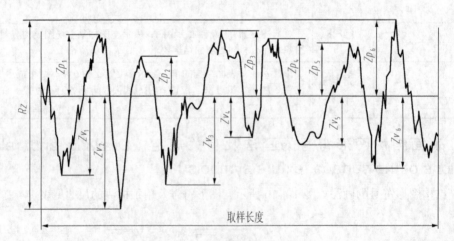

图 1-4-12　轮廓最大高度（Rz）

表面结构参数值的大小与加工方法、所用刀具以及工件材料等因素有密切关系，表 1-4-3 给出了常用 Ra 值与加工方法的关系。

表 1-4-3   常用 *Ra* 值与加工方法的关系

$Ra/\mu m$	表面特征	表 面 形 状	主要加工方法	应 用 举 例
100	粗糙	明显可见刀痕	锯削、粗车、粗铣、钻孔及粗纹锉刀和粗砂轮加工	半成品粗加工的表面、带轮法兰盘的结合面、轴的非接触端面、倒角、铆钉孔等
50		可见刀痕		
25		微见刀痕		
12.5	半光	可见加工痕迹	精车、精铣、粗铰、粗磨、刮研	支架、箱体、离合器、轴或孔的退刀槽、量板、套筒等非配合面，齿轮非工作面，主轴的非接触外表面等
6.3		微见加工痕迹		
3.2		看不见加工痕迹		
1.6	光	可辨加工痕迹方向	精磨、精车、精铣、精拉、精铰	轴承的重要表面、齿轮轮齿的表面、普通车床导轨面、滚动轴承相配合表面、发动机曲轴和凸轮轴的工作面、活塞外表面等
0.8		微辨加工痕迹方向		
0.4		不可辨加工痕迹方向		
0.2	最光	暗光泽面	研磨光泽面加工	曲柄轴的轴颈、气门及气门座的支持表面、发动机汽缸内表面、仪器导轨表面、液压传动件工作面、滚动轴承的滚道、滚动体表面、仪器的测量表面、量块的测量面等
0.1		亮光泽面		
0.05		镜状光泽面		
0.025		雾状光泽面		
0.012		镜面		

注：通常情况下，一般接触面 *Ra* 值取 3.2～6.3 μm；配合面 *Ra* 值取 0.8～1.6 μm；钻孔表面 *Ra* 值取 12.5 μm。

4．表面结构完整图形符号的组成（Complete composing of the surface texture symbols）

为了表明表面结构的要求，除了标注表面结构参数和数值外，必要时应标注补充要求，包括传输带、取样长度、加工工艺、表面纹理及其方向、加工余量等，分别标注在如图 1-4-13 所示的 *a*、*b*、*c*、*d*、*e* 处。

具体的注写要求如下。

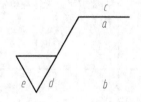

图 1-4-13　表面结构完整的图形符号

位置 *a*：注写表面结构的单一要求，即表面结构具有单一要求时的参数代号、极限值和传输带或取样长度。

位置 *a*、*b*：注写两个或多个表面结构要求。在位置 *a* 注写第一个表面结构要求，在位置 *b* 注写第二个表面结构要求。如果要注写第三个或更多的表面结构要求，图形符号应在垂直方向扩大，以空出足够的空间。扩大图形符号时，*a* 和 *b* 的位置随之上移。

位置 *c*：注写加工方法、表面处理、涂层或其他加工工艺要求等，如车、磨、镀等加工表面。

位置 *d*：注写表面纹理及其方向。

位置 *e*：注写加工余量，以毫米为单位给出数值。

5．表面结构要求在图样中的标注（Indication of surface texture symbols on drawing）

表面结构要求对每一表面一般只标注一次，并尽可能标注在相应的尺寸及其公差的同一视图上。除非另有说明，否则所标注的表面结构要求均是对完工零件表面的要求。

（1）表面结构要求的标注。表面结构要求在图样中的标注位置和方向见表 1-4-4。

表 1-4-4　　　　　　　　　　表面结构要求在图样中的标注位置和方向

序　号	标　注　规　则	标　注　示　例
1	表面结构的注写和读取方向与尺寸的注写和读取方向一致	
2	表面结构要求可标注在轮廓线上，其符号应从材料外指向并接触材料表面	
3	可用带箭头或黑点的指引线引出标注	
4	在不致引起误解时，表面结构要求可以标注在给定的尺寸线上	
5	表面结构要求可以直接标注在延长线上	
6	圆柱和棱柱的表面结构要求只标注一次，当每个棱柱表面有不同要求时，应分别单独标注	

（2）表面结构要求的简化注法。表面结构要求的简化注法见表 1-4-5。

表 1-4-5   表面结构要求的简化注法

序 号	标 注 规 则	标 注 示 例
1	有相同表面结构要求的简化注法：如果工件的多数（包括全部）表面有相同的表面结构要求，则其要求可统一标注在图样的标题栏附近（除全部表面有相同要求的情况外）。此时，表面结构要求的符号后面应有以下内容。 ① 在圆括号内给出无任何其他标注的基本符号	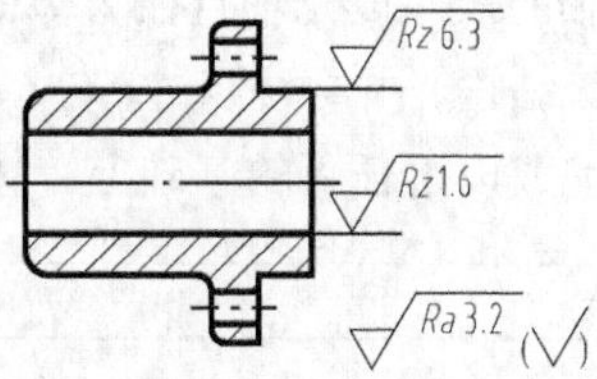
	② 在圆括号内给出不同的表面结构要求	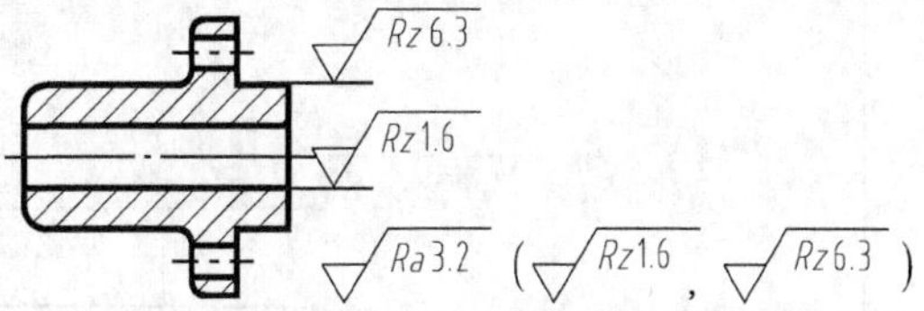
2	多个表面有共同要求的注法： ① 用带字母的完整符号的简化注法	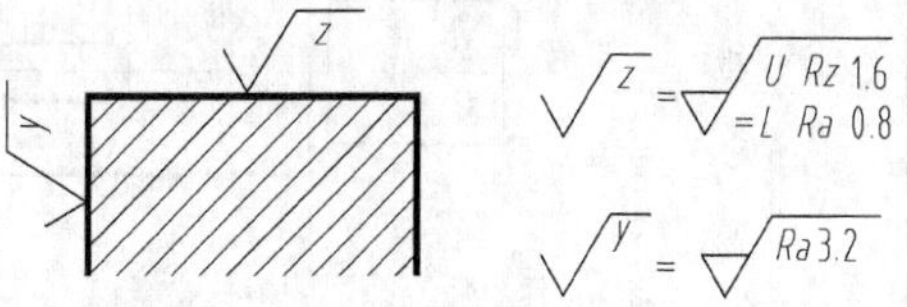
	② 只用表面结构符号的简化注法	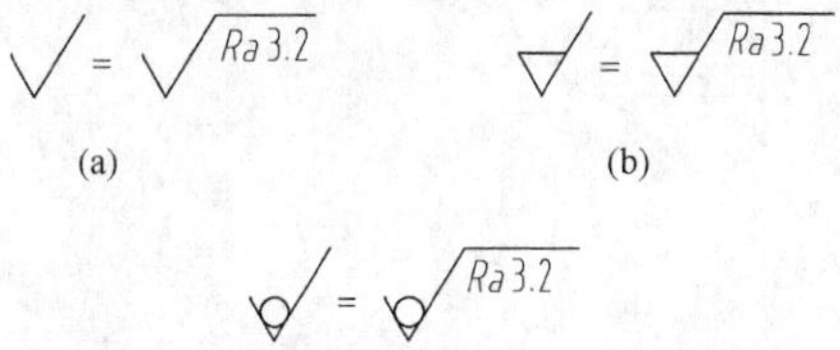
3	由几种不同的工艺方法获得的同一表面当需要指出每种工艺的表面结构时，可将不同工艺的表面结构分别进行标注，图中给出了镀涂前后的表面结构要求	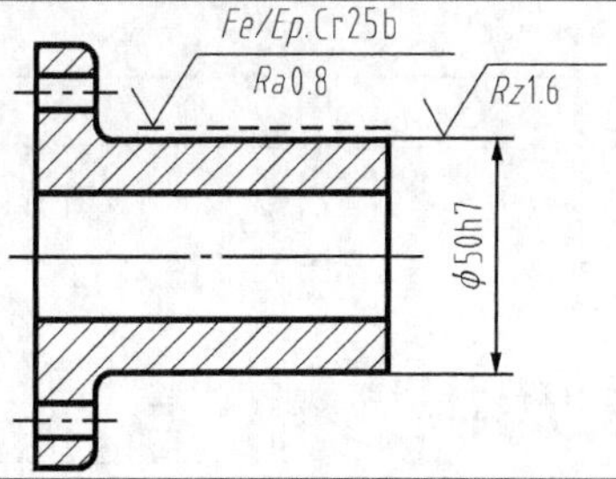

任务 5   加螺纹轴零件图样的绘制

任务引入与分析

螺纹连接是机械零件中最常用的一种连接结构，通过本任务的完成，明确螺纹结构的规定画法，进一步加深对较为复杂的轴套类零件图样的认识。

正确分析图 1-5-1 所示的加螺纹轴的零件图样，并完成以下任务。

（1）查表确定轴上键槽的结构尺寸，选择适当位置，补画键槽的断面图。

（2）该轴的最左段光轴直径为 $\phi20$ mm，在其上有一长为 18 mm 的粗牙普通外螺纹，在零件图中补画该结构，并标注尺寸。

（3）在完成以上任务的基础上，选择适当的图纸，绘制加螺纹轴的完整零件图样。

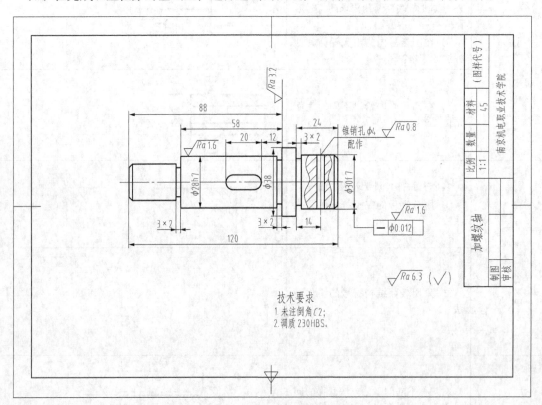

图 1-5-1　加螺纹轴的零件图

相关知识

螺纹是在圆柱或圆锥表面上，沿着螺旋线形成的具有相同剖面形状（如等边三角形、正方形、梯形、锯齿形等）的连续凸起和沟槽。在圆柱或圆锥外表面所形成的螺纹称为外螺纹，在圆柱或圆锥内表面所形成的螺纹称为内螺纹。用于连接的螺纹称为连接螺纹；用于传递运动或动力的螺纹称为传动螺纹。

一、螺纹的形成和基本要素（Formation and basic elements of threads）

1. 螺纹的形成（Formation of threads）

各种螺纹都是根据螺旋线原理加工而成，螺纹加工大部分采用机械化批量生产。小批量、单件产品，外螺纹可采用车床加工，如图 1-5-2 所示；内螺纹可以在车床上加工，也可以先在工件上钻孔，再用丝锥攻制而成，如图 1-5-3 所示。螺纹的加工工具如图 1-5-4 所示。

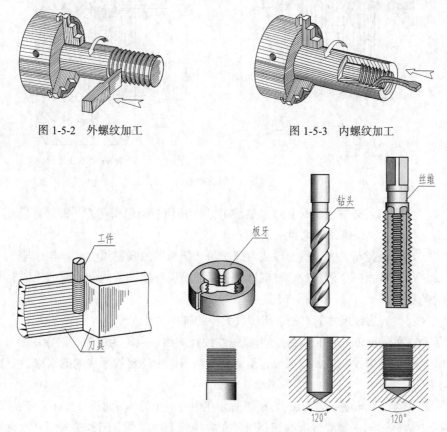

图 1-5-2　外螺纹加工　　　　　　　　　图 1-5-3　内螺纹加工

图 1-5-4　螺纹的加工工具

2.　螺纹的基本要素（Basic elements of threads）

螺纹的基本要素包括牙型、直径（大径、小径、中径）、螺距和导程、线数、旋向等。

（1）牙型（profile）。在通过螺纹轴线的剖面上，螺纹的轮廓形状称为螺纹牙型。常见的螺纹牙型有三角形、梯形、锯齿形、矩形等，如图 1-5-5 所示。

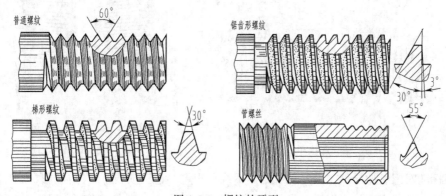

图 1-5-5　螺纹的牙型

（2）螺纹的直径（见图 1-5-6）（diameter）。

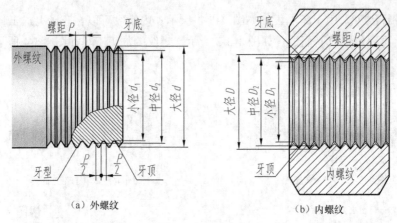

（a）外螺纹   （b）内螺纹

图 1-5-6 螺纹的直径

大径 d、D：是指与外螺纹的牙顶或内螺纹的牙底相切的假想圆柱或圆锥的直径。内螺纹的大径用大写字母表示，外螺纹的大径用小写字母表示。

小径 d_1、D_1：是指与外螺纹的牙底或内螺纹的牙顶相切的假想圆柱或圆锥的直径。

中径 d_2、D_2：是指一个假想的圆柱或圆锥直径，该圆柱或圆锥的母线通过牙型上沟槽和凸起宽度相等的地方。

公称直径：代表螺纹尺寸的直径，指螺纹大径的基本尺寸。

（3）线数（the number of threads）。形成螺纹的螺旋线条数称为线数，线数用字母 n 表示。沿一条螺旋线形成的螺纹称为单线螺纹，沿两条或两条以上螺旋线形成的螺纹称为多线螺纹，如图 1-5-7 所示。

（4）螺距和导程（pitch and lead）。相邻两牙在中径线上对应两点间的轴向距离称为螺距，螺距用字母 P 表示；同一螺旋线上的相邻两牙在中径线上对应两点间的轴向距离称为导程，导程用字母 P_h 表示，如图 1-5-7 所示。线数 n、螺距 P 和导程 P_h 之间的关系为

$$P_h = Pn$$

（5）旋向（direction）。螺纹分为左旋螺纹和右旋螺纹两种。顺时针旋转时旋入的螺纹是右旋螺纹；逆时针旋转时旋入的螺纹是左旋螺纹，如图 1-5-8 所示。工程上常用右旋螺纹。

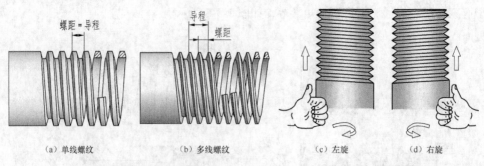

（a）单线螺纹   （b）多线螺纹   （c）左旋   （d）右旋

图 1-5-7 单线螺纹和多线螺纹   图 1-5-8 螺纹的旋向

国家标准对螺纹的牙型、大径和螺距做了统一规定。这三项要素均符合国家标准的螺纹称为标准螺纹；凡牙型不符合国家标准的螺纹称为非标准螺纹；只有牙型符合国家标准的螺纹称为特殊螺纹。

二、螺纹的规定画法（Conventional representation of threads）

螺纹一般不按真实投影作图，而是采用机械制图国家标准规定的画法以简化作图过程。

1. 外螺纹的画法（Representation of external threads）

外螺纹的大径用粗实线表示，小径用细实线表示。螺纹小径按大径的 0.85 倍绘制。在不反映圆的视图中，小径的细实线应画入倒角内，螺纹终止线用粗实线表示，如图 1-5-9（a）所示。当需要表示螺纹收尾时，螺纹尾部的小径用与轴线成 30° 的细实线绘制，如图 1-5-9（b）所示。在反映圆的视图中，表示小径的细实线圆只画约 3/4 圈，螺杆端面上的倒角圆省略不画，如图 1-5-9（a）、（b）、（c）所示。剖视图中的螺纹终止线和剖面线画法如图 1-5-9（c）所示。

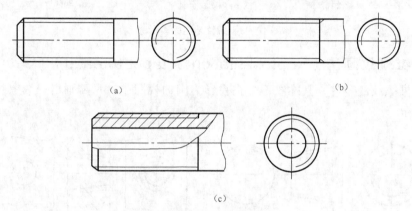

（a）　　　　　　　　　　　（b）

（c）

图 1-5-9　外螺纹画法

2. 内螺纹的画法（Representation of internal threads）

内螺纹通常采用剖视图表达，在不反映圆的视图中，大径用细实线表示，小径和螺纹终止线用粗实线表示，且小径取大径的 0.85 倍，注意剖面线应画到粗实线；若是盲孔，终止线到孔的末端的距离可按 0.5 倍大径绘制；在反映圆的视图中，大径用约 3/4 圈的细实线圆弧绘制，孔口倒角圆不画，如图 1-5-10（a）所示。当螺孔相交时，其相贯线的画法如图 1-5-10（b）所示。当螺纹的投影不可见时，所有图线均画成细虚线，如图 1-5-10（c）所示。

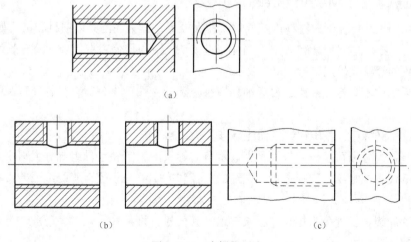

（a）

（b）　　　　　　　　　　　（c）

图 1-5-10　内螺纹画法

3. 螺纹牙型的表示法（Expression of thread profiles）

螺纹的牙型一般不需要在图形中画出，当需要表示螺纹的牙型时，可按图 1-5-11 的形式绘制。

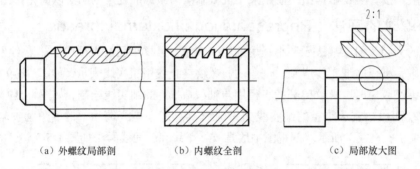

（a）外螺纹局部剖　　　　（b）内螺纹全剖　　　　（c）局部放大图

图 1-5-11　螺纹牙型的表示法

4. 圆锥螺纹画法（Representation of taper threads）

具有圆锥螺纹的零件，其螺纹部分在投影为圆的视图中，只需画出一端螺纹视图，如图 1-5-12 所示。

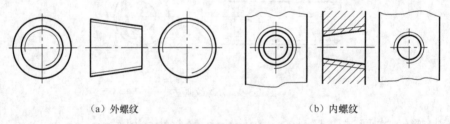

（a）外螺纹　　　　　　　　　　　（b）内螺纹

图 1-5-12　圆锥螺纹的画法

三、螺纹的规定标注（Conventional designation of threads）

由于螺纹的规定画法不能表达出螺纹的种类和螺纹的要素，因此在图中对标准螺纹需要进行正确的标注。下面分别介绍各种螺纹的标注方法。

1. 普通螺纹（Metric threads）

普通螺纹用尺寸标注形式注在内、外螺纹的大径上，其标注的具体项目和格式如下。

| 螺纹代号 | 公称直径 | × | 螺距 | 旋向 | – | 中径公差带代号 | 顶径公差带代号 | – | 旋合长度代号 |

普通螺纹的螺纹代号用字母"M"表示。

普通粗牙螺纹不必标注螺距，普通细牙螺纹必须标注螺距。公称直径、导程和螺距数值的单位为 mm。

右旋螺纹不必标注，左旋螺纹应标注字母"LH"。

中径公差带代号和顶径公差带代号由表示公差等级的数字和字母组成。大写字母代表内螺纹，小写字母代表外螺纹。顶径是指外螺纹的大径和内螺纹的小径，若两组公差带相同，则只写一组。

普通螺纹的旋合长度分为短、中、长三组，其代号分别是 S、N、L。若是中等旋合长度，其旋合代号 N 可省略。

如图 1-5-13 所示为普通螺纹标注示例。

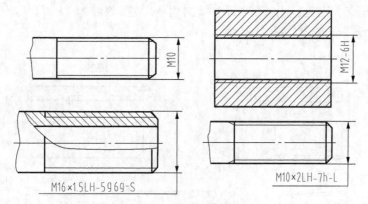

图 1-5-13　普通螺纹标注示例

2. 传动螺纹（Transmission threads）

传动螺纹主要指梯形螺纹和锯齿形螺纹，它们也用尺寸标注形式，注在内、外螺纹的大径上，其标注的具体项目及格式如下。

| 螺纹代号 | 公称直径 | × | 导程（P 螺距） | 旋向 | – | 中径公差带代号 | – | 旋合长度代号 |

梯形螺纹的螺纹代号用字母"Tr"表示，锯齿形螺纹的特征代号用字母"B"表示。

多线螺纹标注导程与螺距，单线螺纹只标注螺距。

右旋螺纹不标注代号，左旋螺纹标注字母"LH"。

传动螺纹只注中径公差带代号。

旋合长度只注"S"（短）、"L"（长），中等旋合长度代号"N"省略标注。

如图 1-5-14 所示为传动螺纹标注示例。

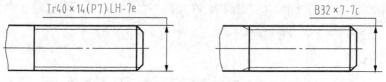

图 1-5-14　传动螺纹标注示例

3. 管螺纹（Pipe threads）

管螺纹的标记必须标注在大径的引出线上。常用的管螺纹分为螺纹密封的管螺纹和非螺纹密封的管螺纹。这里要注意，管螺纹的尺寸代号并不是指螺纹大径，也不是管螺纹本身任何一个直径，其大径和小径等参数可从有关标准中查出。

管螺纹标注的具体项目及格式如下。

螺纹密封管螺纹代号：| 螺纹特征代号 | 尺寸代号 | × | 旋向代号 |

非螺纹密封管螺纹代号：| 螺纹特征代号 | 尺寸代号 | 公差等级代号 | – | 旋向代号 |

螺纹密封管螺纹又分为：与圆柱内螺纹相配合的圆锥外螺纹，其特征代号是 R_1；与圆锥内螺纹相配合的圆锥外螺纹，其特征代号为 R_2；圆锥内螺纹，特征代号是 R_c；圆柱内螺纹，特征代号是 R_p。旋向代号只注左旋"LH"。

非螺纹密封管螺纹的特征代号是 G。它的公差等级代号分 A、B 两个精度等级，外螺纹需注明，内螺纹不注此项代号。右旋螺纹不注旋向代号，左旋螺纹标"LH"。

如图 1-5-15 所示为管螺纹标注示例。

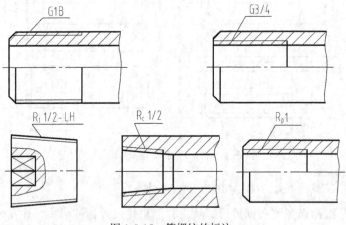

图 1-5-15　管螺纹的标注

任务实施

1. 准备工作

（1）确定图幅。首先查看零件图样上图形的尺寸，图形的长为 120 mm，最大直径尺寸为 ϕ38 mm，根据尺寸选用图幅 A4，并且图纸横放。

（2）确定比例。查看图纸下方的标题栏，在比例一栏中，确定图纸选用比例为 1∶1。确定好上述两点后，将图纸固定，备好绘图工具，准备绘图。

2. 绘制底稿

画底稿时，作图线应该轻而准确。使用 2H 的铅笔很轻很细地画，铅芯应经常修磨以保持尖锐，作图要求准确。画底稿的具体步骤如图 1-5-16 所示。

（1）绘制阶梯轴。根据先导任务，按步骤绘制中心线、轮廓线等，可绘制阶梯轴的零件图底稿，如图 1-5-16（a）所示。

（2）绘制键槽和销孔。该轴上的键槽能够反映键槽的特征形状，即为圆头平键的键槽，根据图中给定键槽的定位尺寸 12 mm 可确定键槽的位置，键槽的定形尺寸，除长度 20 mm 给出之外，宽度和深度根据轴径通过查表可得。右端销孔也可根据给定尺寸绘制，如图 1-5-16（b）所示。

（3）绘制螺纹。根据任务要求，该轴的最左端有一长为 18 mm 的粗牙普通外螺纹，先从最左端向右量取 18 mm，沿径向画一条螺纹终止线，然后根据螺纹的规定画法（小径等于大径的 0.85 倍），沿轮廓向内画两条小径线，如图 1-5-16（c）所示。

（4）绘制键槽的断面图。选择合适的位置，绘制键槽的断面图，表达键槽的深度，具体步骤参见任务 3。

（5）绘制图形上的尺寸界线、尺寸线等标注线。尺寸线两端箭头可暂时不画，尺寸线上可暂时不写数字，留待加深后统一标注，如图 1-5-16（d）所示。

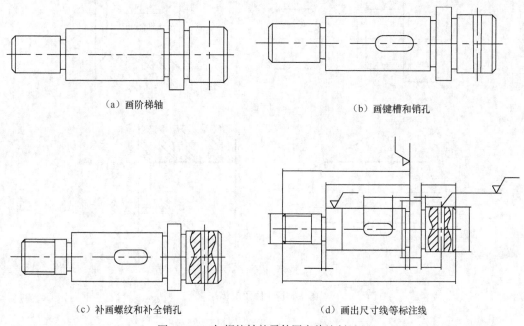

（a）画阶梯轴　　　　　　　　　　　　　　　　　　（b）画键槽和销孔

（c）补画螺纹和补全销孔　　　　　　　　　　　　（d）画出尺寸线等标注线

图 1-5-16　加螺纹轴的零件图底稿绘制过程

3. 图形加深

加深描粗图形的具体方法和步骤见任务 1。

知识拓展——轴套类零件的结构与加工方法 举例

轴类零件一般是由同轴线的不同直径的回转体组成。零件上通常有键槽、轴肩、倒角、退刀槽和螺纹以及孔等结构。

1. 倒角和倒圆角（Chamfers and Fillet）

阶梯的轴和孔，为便于零件的装配和去毛刺保证安全，轴和孔的端面上加工成 45°或其他度数的倒角。为避免在轴肩、孔肩处因应力集中而产生裂纹，轴肩、孔肩处常以圆角过渡。

轴、孔的标准倒角和圆角的尺寸可由 GB/T 6403.4—2008 查得，其尺寸标注方法如图 1-5-17 和图 1-5-18 所示。零件上倒角尺寸全部相同而且为 45°时，可在图样右上角注明"全部倒角 CX（X 为倒角的轴向尺寸）"。

当零件倒角尺寸无一定要求时，则可在技术要求中注明"锐边倒钝"。

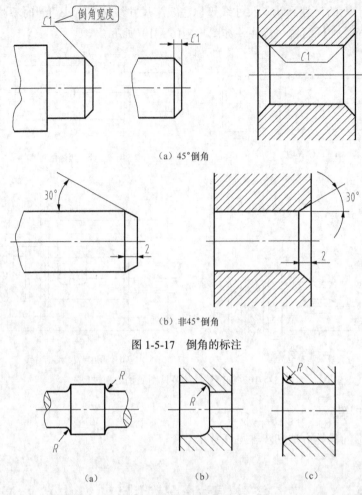

（a）45°倒角

（b）非45°倒角

图 1-5-17 倒角的标注

（a） （b） （c）

图 1-5-18 圆角的标注

2. 退刀槽与砂轮越程槽（Relief and overtravel grooves）

在切削加工中，为保护加工刀具和方便刀具退出，以及装配时两零件表面能紧密接触，一般在零件加工表面的台肩处先加工出退刀槽或砂轮越程槽，如图 1-5-19 所示，图中的数据可从标准手册中查取。

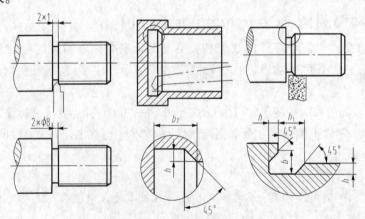

图 1-5-19 退刀槽与砂轮越程槽

退刀槽的尺寸标注形式，一般可按"槽宽×直径"或"槽宽×槽深"标注。砂轮越程槽一般用局部放大图画出，尺寸标注如图 1-5-20 所示。

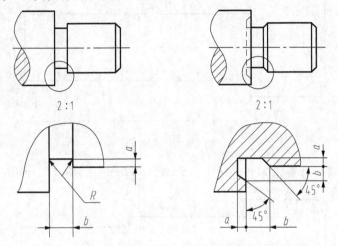

图 1-5-20　尺寸较小时，可采用局部放大图表示

3.　加工方法举例（Take an example of production processes）

轴类零件的加工一般是先由圆柱形原材料在车床设备上加工成阶梯轴，然后在铣床上加工键槽，在钻床上加工出孔等结构。

图 1-5-21 的阶梯轴加工工序大致如下。

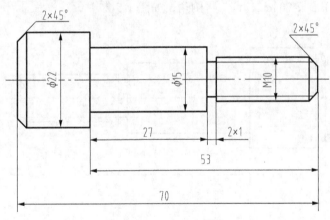

图 1-5-21　常见阶梯轴

（1）下料、车外圆 $\phi22$ mm 长 70 mm，如图 1-5-22 所示。

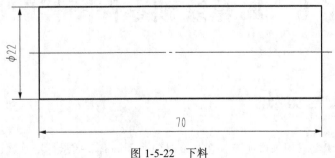

图 1-5-22　下料

（2）车外圆 φ15 mm 长 53 mm，如图 1-5-23 所示。

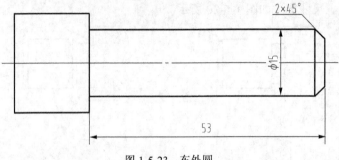

图 1-5-23　车外圆

（3）加工退刀槽、车螺纹 M10，保证 φ15 mm 长 27 mm、倒角 C2，如图 1-5-24 所示。

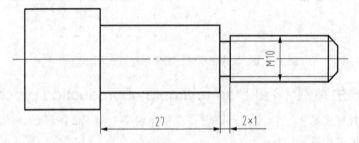

图 1-5-24　退刀槽、螺纹、倒角的加工

（4）截断，保证轴长 70 mm，调头再倒角，如图 1-5-25 所示。

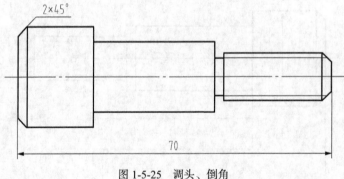

图 1-5-25　调头、倒角

任务 6　加螺纹轴零件图样的识读

任务引入与分析

零件图上的技术要求用来说明零件在制造时应达到的有关质量标准，通过完成本任务，初

步掌握技术要求中的尺寸公差相关要求。

正确分析如图 1-5-1 所示加螺纹轴零件图样，完成以下任务。

（1）按照读零件图的一般方法和步骤，对完整的加螺纹轴的零件图样进行识读。

（2）根据极限配合的相关知识，理解标注在该零件图上的尺寸公差要求。

相关知识

零件图上的技术要求主要是指对零件几何精度方面和理化性方面的要求，如表面结构要求、极限与配合（尺寸公差）、形状和位置公差等。技术要求通常是用符号、代号或标记标注在图形上，或者用简明的文字注写在标题栏附近。

一、极限与配合的基本概念（Basic concept of limits and fits）

1. 互换性和公差（Interchangeability and tolerances）

所谓零件的互换性，就是从一批相同的零件中任取一件，不经修配就能装配使用，并能保证使用性能要求，零部件的这种性质称为互换性。零、部件具有互换性，不但给装配、修理机器带来方便，还可用专用设备生产，提高产品数量和质量，同时降低产品的成本。

在加工过程中，不可能把零件的尺寸做得绝对准确。为了保证互换性，必须将零件尺寸的加工误差限制在一定的范围内，规定出加工尺寸的可变动量，这种规定的实际尺寸允许的变动量称为公差。

公差配合制度是实现互换性的重要基础。

2. 基本术语（Basic terminology）

有关公差的一些常用术语如图 1-6-1 所示。

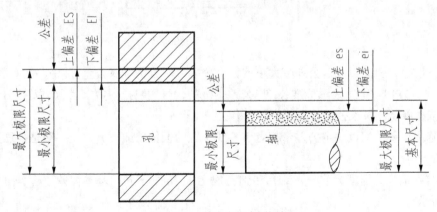

图 1-6-1　尺寸公差术语图解

（1）基本尺寸：根据零件强度、结构和工艺性要求，设计确定的尺寸。

（2）实际尺寸：通过实际测量所得到的尺寸。

（3）极限尺寸：允许尺寸变化的两个界限值。它以基本尺寸为基数来确定。两个界限值中较大的一个称为最大极限尺寸；较小的一个称为最小极限尺寸。

（4）尺寸偏差（简称偏差）：某一尺寸减其相应的基本尺寸所得的代数差。其中：

$$上偏差=最大极限尺寸-基本尺寸$$

$$下偏差=最小极限尺寸-基本尺寸$$

上、下偏差统称极限偏差。上、下偏差可以是正值、负值或零。

国家标准规定，孔的上偏差代号为 ES，孔的下偏差代号为 EI；轴的上偏差代号为 es，轴的下偏差代号为 ei。

（5）尺寸公差（简称公差）：允许实际尺寸的变动量。

$$尺寸公差=最大极限尺寸-最小极限尺寸=上偏差-下偏差$$

因为最大极限尺寸总是大于最小极限尺寸，所以尺寸公差一定为正值。

（6）公差带和零线。由代表上、下偏差的两条直线所限定的一个区域称为公差带。为了便于分析，一般将尺寸公差与基本尺寸的关系，按放大比例画成简图，称为公差带图。在公差带图中，确定偏差的一条基准直线，称为零偏差线，简称零线，通常零线表示基本尺寸，如图 1-6-2 所示。

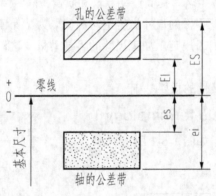

图 1-6-2　公差带图

（7）标准公差：用以确定公差带大小的任一公差。国家标准将公差等级分为 20 级：IT01，IT0，IT1，…，IT18。"IT" 表示标准公差，公差等级的代号用阿拉伯数字表示。从 IT01 到 IT18，精度等级依次降低。标准公差等级数值可查有关技术标准。

（8）基本偏差：用以确定公差带相对于零线位置的上偏差或下偏差。一般是指靠近零线的那个偏差。

根据实际需要，国家标准分别对孔和轴各规定了 28 个不同的基本偏差，基本偏差系列如图 1-6-3 所示。

从图 1-6-3 可知，基本偏差用拉丁字母表示，大写字母代表孔，小写字母代表轴。

公差带位于零线之上，基本偏差为下偏差；

公差带位于零线之下，基本偏差为上偏差。

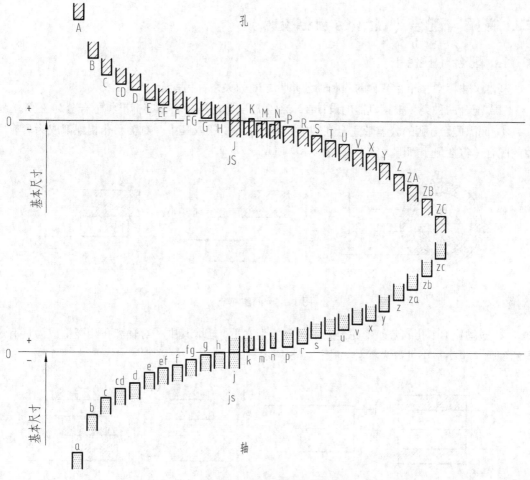

图 1-6-3　基本偏差系列图

（9）孔、轴的公差带代号：由基本偏差与公差等级代号组成，并且要用同一号字母和数字书写。例如，$\phi50H8$ 的含义为

此公差带的全称是：基本尺寸为 $\phi50$ mm，公差等级为 8 级，基本偏差为 H 的孔的公差带。

又如 $\phi50f7$ 的含义为

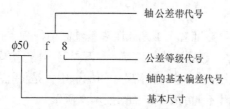

此公差带的全称是：基本尺寸为 $\phi50$ mm，公差等级为 8 级，基本偏差为 f 的轴的公差带。

二、极限与配合（Limits and fits）

1. 配合（Fits）

基本尺寸相同，相互结合的孔和轴公差带之间的关系称为配合。

（1）配合的种类。根据机器的设计要求和生产实际的需要，国家标准将配合分为三类。

① 间隙配合：孔的公差带完全在轴的公差带之上，任取其中一对轴和孔相配都成为具有间隙的配合（包括最小间隙为零），如图1-6-4所示。

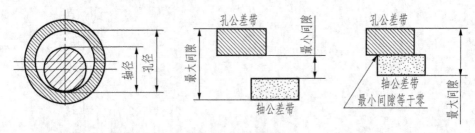

图1-6-4 间隙配合

② 过盈配合：孔的公差带完全在轴的公差带之下，任取其中一对轴和孔相配都成为具有过盈的配合（包括最小过盈为零），如图1-6-5所示。

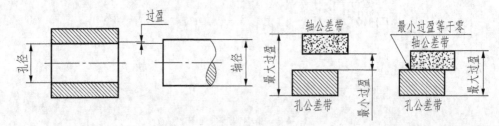

图1-6-5 过盈配合

③ 过渡配合：孔和轴的公差带相互交叠，任取其中一对孔和轴相配合，可能具有间隙，也可能具有过盈的配合，如图1-6-6所示。

图1-6-6 过渡配合

（2）配合的基准制。国家标准规定了基孔制和基轴制两种基准制。

① 基孔制：基本偏差为一定的孔的公差带，与不同基本偏差的轴的公差带构成各种配合的一种制度称为基孔制。这种制度在同一基本尺寸的配合中，是将孔的公差带位置固定，通过变动轴的公差带位置，得到各种不同的配合，如图1-6-7所示。

基孔制的孔称为基准孔。国标规定基准孔的下偏差为零，"H"为基准孔的基本偏差。

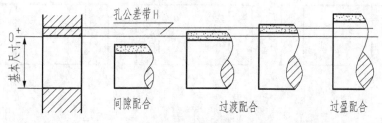

图 1-6-7　基孔制配合

② 基轴制：基本偏差为一定的轴的公差带与不同基本偏差的孔的公差带构成各种配合的一种制度称为基轴制。这种制度在同一基本尺寸的配合中，是将轴的公差带位置固定，通过变动孔的公差带位置，得到各种不同的配合，如图 1-6-8 所示。

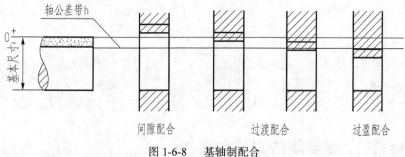

图 1-6-8　基轴制配合

基轴制的轴称为基准轴。国家标准规定基准轴的上偏差为零，"h"为基轴制的基本偏差。

2. 公差与配合的标注（Indication of tolerances and fits）

（1）在装配图中的标注方法。配合的代号由两个相互结合的孔和轴的公差带的代号组成，用分数形式表示，分子为孔的公差带代号，分母为轴的公差带代号，标注的通用形式如图 1-6-9 所示。

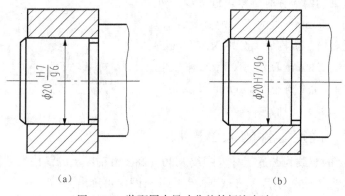

（a）　　　　　　　　　　　　（b）

图 1-6-9　装配图中尺寸公差的标注方法

（2）在零件图中的标注方法。如图 1-6-10 所示，图（a）标注公差带的代号；图（b）标注偏差数值；图（c）公差带代号和偏差数值一起标注。

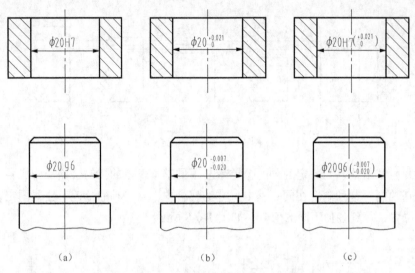

图 1-6-10　零件图中尺寸公差的标注方法

任务实施

1. 读标题栏，获取零件的基本信息

由图 1-5-1 的标题栏可知，该零件的名称为加螺纹轴，该零件选用的材料为 45 钢。绘制该零件图样所采用的绘图比例为 1∶1。

2. 读视图，想象零件的结构形状

该完整的零件图共由两个图形构成，分别为主视图和断面图，主视图采用了局部剖视来表达销孔，断面图主要表达键槽的尺寸要求。

分析主视图的主体结构，是一个由若干矩形框组成的阶梯轴，且轴的两端各有倒角。进一步分析尺寸，该轴总长为 120 mm，最大直径为 $\phi38$ mm，除工艺结构外，主要由四段构成，分别为 $\phi20$ mm、$\phi28$ mm、$\phi38$ mm 和 $\phi30$ mm 轴段。$\phi20$ mm 轴段上有螺纹，$\phi28$ mm 轴段上有键槽，$\phi30$ mm 轴段上有销孔。具体结构如图 1-6-11 所示。

图 1-6-11　加螺纹轴的空间想象

3. 读尺寸，确定零件的大小形状

$\phi20$ mm 轴段上的螺纹为普通粗牙外螺纹 M20。$\phi28$ mm 轴段上的键槽尺寸根据轴径 $\phi28$ mm 查表，可知键槽宽为 8 mm，深为 4 mm，长度尺寸从图中可读出为 20 mm，键槽的定位尺寸为 12 mm。$\phi30$ mm 轴段上的销孔的定位尺寸为 14 mm，规格尺寸为 $\phi4$ mm。

4. 读技术要求，明确零件的制造质量要求

（1）读表面结构要求。

图中标注 $\sqrt{}$ $^{Ra\,0.8}$ 是对销孔的圆柱面的表面结构要求，其含义是该面的表面粗糙度 Ra 的上

限值为 0.8μm。

图中标注 $\sqrt{\ }^{Ra\,1.6}$ 是对 ϕ28 mm 轴段和 ϕ30 mm 轴段的圆柱面的表面结构要求,其含义是该面的表面粗糙度 Ra 的上限值为 1.6μm。

图中标注 $\sqrt{\ }^{Ra\,3.2}$ 是对 ϕ38 mm 轴段的左端面的表面结构要求,其含义是该面的表面粗糙度 Ra 的上限值为 3.2μm。

标题栏旁边标注 $\sqrt{\ }^{Ra\,6.3}\sqrt{\ }$ 是对该轴其他未标注表面的表面结构要求,其含义是加螺纹轴未标注表面结构要求的其余各面的表面粗糙度 Ra 的上限值为 6.3μm。

(2)读尺寸公差和形位公差要求。

图中标注 ϕ28h7,是 ϕ28 mm 轴段直径尺寸的公差要求,其含义为:ϕ28 mm 是基本尺寸,h7 是轴的公差带代号,其中 h 为基本偏差代号,7 为标准公差等级数字。

图中标注 ϕ30f7,是 ϕ30 mm 轴段直径尺寸的公差要求,其含义为:ϕ30 mm 是基本尺寸,f7 是轴的公差带代号,其中 f 为基本偏差代号,7 为标准公差等级数字。

图中标注 $\boxed{-\mid\phi 0.012}$ 是对 ϕ30 mm 轴段的形状公差要求,其含义是 ϕ30 mm 圆柱面轴线的直线度公差值为 ϕ0.012 mm。

(3)读技术要求的文字。零件图下侧技术要求的文字,一是未注倒角为 C2,这表明左右两端未标注尺寸的倒角均为 C2;二是调质 230HBS,说明该轴在加工过程中需要经过调质处理,使轴的表面硬度达到 230HBS,以提高零件材料的韧性和强度。

知识拓展——轴套类零件的视图与尺寸分析

1. 轴套类零件的视图表达

(1)视图(Views)。放置位置:一般将轴线水平放置,使主视图表示零件在机器或者部件中的实际安装位置(即工作位置),同时这也是零件的加工位置(即在机床上加工时所处的位置)。这样,主视图不仅能把各段形体的相对位置表示清楚,同时又能反映出轴上的轴肩、键槽等结构。

(2)视图选择(Selection of views)。轴类零件可以在主视图上,将轴的各段形体的直径尺寸在其数字前加注符号"ϕ"表示,因此不必画出其左(或右)视图。对轴上的键槽、销孔结构,一般采用局部视图、断面图、局部剖视图表达。

2. 轴套类零件的尺寸标注(Dimensioning on detail drawings)

视图只能表达零件的形状,而各部分形状的大小以及相对位置,则要通过尺寸来确定。分析零件的尺寸一般是先将零件分部分,然后考察各个部分的尺寸,最后协调总体的尺寸。零件的尺寸主要有定形尺寸、定位尺寸和总体尺寸 3 类。

(1)定形尺寸:确定零件的形状大小的尺寸。如各段回转体的直径 ϕ22,ϕ15,M10,长度方向的尺寸 27,53,以及我们以前所画的图形中的键槽的长、宽、深等尺寸。

（2）定位尺寸：确定零件上各部分的相对位置的尺寸。

① 定位方向。零件上的一结构与另一结构的相对位置应从左右、前后、上下的3个方向考察。

对同轴回转体类零件来说，回转体各段之间在两个方向上是对中的，因此不需要尺寸来确定各段径向的相对位置。一般只需要考虑各轴段之间轴向的定位，而某段轴的定位尺寸又常常和这段轴的轴向长度尺寸是1个尺寸。

对轴上的键槽考察某3个方向的位置时，发现其前后方向上与轴对中，上下方向上键槽加工在轴的最上部，因此这2个方向也不需要定位尺寸，所以键槽的定位尺寸即是其轴向定位尺寸，如图1-5-1中的12。

② 定位基准。在具体确定某结构某方向上的相对位置时，首先要选定尺寸基准即测量以及标注尺寸的起点。

零件有3个方向的尺寸，每个方向至少要有1个尺寸基准，基准选定后，各方向的主要尺寸就应从相应的尺寸基准进行标注。当零件结构比较复杂时，同一方向上尺寸基准可能有几个，其中决定零件主要尺寸的基准称为主要基准，主要基准通常又是设计基准。为加工和测量方便而附加的基准称为辅助基准（又称工艺基准）。

（3）总体尺寸：表示零件外形大小的总长、总宽、总高的尺寸。

轴类零件一般需要其周线方向的总长尺寸，而总高和总宽在数值上与轴上最大直径段的直径尺寸相同，因此，有了轴上每段轴的直径尺寸后就不需要考虑其径向的总体尺寸。

总之，要分析1个轴套类零件的尺寸，需要先撇开轴上的细节结构如孔、键槽、退刀槽等，以回转轴线作为径向的尺寸基准，考虑阶梯轴各段的直径尺寸；再以某段轴的端面（有设计要求的重要表面）作为轴向尺寸基准考虑各段轴向长度尺寸，最后一一考察各细节结构的定形尺寸与定位尺寸，协调总体尺寸。

（4）标注轴套类零件的尺寸注意点。将确定轴类零件的全部尺寸分析清楚后，还需要将这些尺寸标注在轴的视图上，标注轴类零件尺寸的注意点如下。

① 回转体的直径尺寸最好注在其投影不是圆的视图中；

② 为了避免尺寸界线过长及与其他图线相交过多，使标注出的尺寸排列整齐有序，在标注同方向的尺寸时，应将小尺寸注在内，大尺寸注在外；

③ 避免标注封闭尺寸链；

④ 标注的尺寸要符合加工顺序的要求；

⑤ 考虑测量方便的要求。

3. 识读轴套类零件图的注意点

（1）把握整体结构。在分析视图中的图线及线框可能代表的空间含义的基础上，找出形成轴套类回转体的平面图形，一般为视图内、外轮廓线的一半与轴线围成的图形，将该平面图形绕轴线旋转一周即可想象出该轴套类零件的内、外形状。一般轴的外形为由几段不同的直径组成的回转体，称为阶梯轴。

读图时，不仅要在头脑中形成该零件的整体结构的形状，还要识读出确定轴形状的尺寸，如每段的直径尺寸、长度尺寸等。

（2）想象轴上的键槽、凹坑、孔等结构。要将断面图与主视图联系起来识读。一般轴上的键槽开在正前方，则键槽在主视图上的投影图形被包围在轴外轮廓图形中，处于中心线对称位置上，断面图上的槽的缺口投影在图形的左边或者右边；若键槽开在正上方，则槽在主视图的投影一般用局部剖视图画出，并在里面画出表达键槽形状的局部视图，此时的断面图上槽的缺口在图形的上边。

因此，要根据断面图和键槽结构在主视图中的表达首先判断出轴上键槽的方位与形状。读图时，不仅要在头脑中形成键槽结构的形状，还要识读出确定其形状的定形尺寸，如长、宽、深等尺寸，及确定其轴向位置的定位尺寸。

（3）想象出零件上退刀槽、倒角等结构。零件上的倒角、倒圆、螺纹退刀槽、砂轮越程槽、凸台等结构是考虑制造的方便和可能而设计的，属于零件上的工艺结构，一般这些结构都比较细小，读零件图时，也要注意这些结构，以便对零件的结构与形状及其作用有更进一步的把握。

任务7 齿轮油泵主动轴的测绘

任务引入与分析

根据岗位职业能力的要求，机械类专业的学生应具备机器零部件的测绘能力，通过完成齿轮油泵主动轴的测绘任务，初步培养学生的测绘能力。

对齿轮油泵主动轴进行零件测绘，并完成以下任务。

（1）正确分析齿轮油泵的结构组成，明确所要测绘的主动齿轮轴在装配体中的作用。

（2）分析常用量具的使用场合，能够选择合适的量具进行测量。

（3）根据零件测绘的一般步骤测绘出主动齿轮轴的零件草图。

相关知识

一、零件尺寸的测量方法（Methods of taking measurements）

测量尺寸是零件测绘过程中一个很重要的环节，尺寸测量得准确与否，将直接影响机器的装配和工作性能，因此，测量尺寸要谨慎。

测量时，应根据对尺寸精度要求的不同选用不同的测量工具。常用的量具有钢直尺，内、外卡钳等；精密的量具有游标卡尺、千分尺等；此外，还有专用量具，如螺纹规、圆角规等。

图 1-7-1～图 1-7-4 为常见尺寸的测量方法。

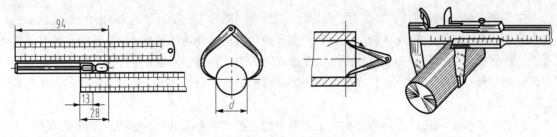

（a）用钢直尺测一般轮廓　　（b）用外卡钳测外径　（c）用内卡钳测内径　　（d）用游标卡尺测精确尺寸

图 1-7-1　线性尺寸及内、外径尺寸的测量方法

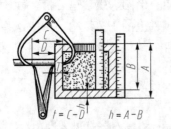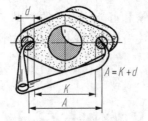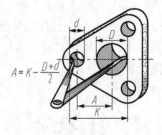

（a）测量壁厚　　　　　　　（b）测量孔间距　　　　　　　（c）测量孔间距

图 1-7-2　壁厚、孔间距的测量方法

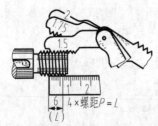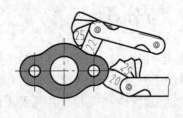

（a）用螺纹规测量螺距　　　　　　（b）用圆角规测量圆弧半径

图 1-7-3　螺距、圆弧半径的测量方法

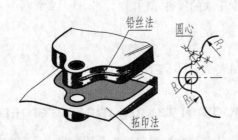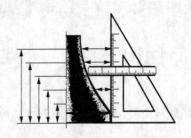

（a）用铅丝法和拓印法测量曲面　　　　　（b）用坐标法测量曲线

图 1-7-4　曲面、曲线的测量方法

二、齿轮（Gears）

　　齿轮是机器设备中应用十分广泛的传动零件，用来传递运动和动力，改变轴的旋向和转速。常见的传动齿轮有 3 种：圆柱齿轮传动——用于两平行轴间的传动；圆锥齿轮传动——用于两相交轴间的传动；蜗杆蜗轮传动——用于两交错轴间的传动，如图 1-7-5 所示。

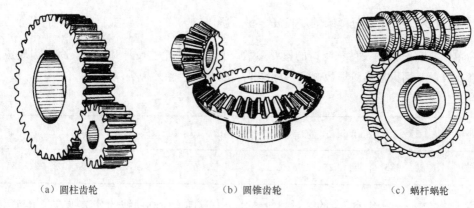

（a）圆柱齿轮　　　　　　　　（b）圆锥齿轮　　　　　　　　（c）蜗杆蜗轮

图 1-7-5　齿轮传动形式

1. 直齿圆柱齿轮的名词术语（见图 1-7-6）（Spur cylindrical gear terminology）

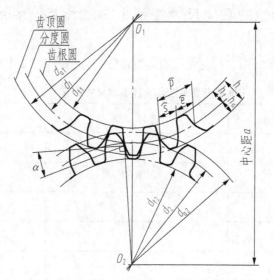

图 1-7-6　直齿圆柱齿轮各部分名称和代号

（1）齿数 z——齿轮上轮齿的个数。

（2）齿顶圆直径 d_a——通过齿顶的圆柱面直径。

（3）齿根圆直径 d_f——通过齿根的圆柱面直径。

（4）分度圆直径 d——分度圆直径是齿轮设计和加工时的重要参数。分度圆是一个假想的圆，在该圆上齿厚 s 与槽宽 e 相等，它的直径称为分度圆直径。

（5）齿高 h——齿顶圆和齿根圆之间的径向距离。

（6）齿顶高 h_a——齿顶圆和分度圆之间的径向距离。

（7）齿根高 h_f——分度圆与齿根圆之间的径向距离。

（8）齿距 p——在分度圆上，相邻两齿对应齿廓之间的弧长。

（9）齿厚 s——在分度圆上，一个齿的两侧对应齿廓之间的弧长。

（10）槽宽 e ——在分度圆上，一个齿槽的两侧相应齿廓之间的弧长。

（11）模数 m ——由于分度圆的周长 $\pi d = pz$，所以 $d = \dfrac{p}{\pi} \cdot z$，$\dfrac{p}{\pi}$ 就称为齿轮的模数。模数以 mm 为单位，它是齿轮设计和制造的重要参数。为便于齿轮的设计和制造，减少齿轮成形刀具的规格及数量，国家标准对模数规定了标准值。渐开线齿轮的模数见表 1-7-1。

表 1-7-1　　　　　　　　　　　　　　　　模数的标准系列

第一系列	1、1.25、1.5、2、2.5、3、4、5、6、8、10、12、16、20、25、32、40、50
第二系列	1.125、1.375、1.75、2.25、2.75、3.5、4.5、5.5、（6.5）、7、9、11、14、18、22、28、35、45

（12）压力角 α ——相互啮合的一对齿轮，其受力方向（齿廓曲线的公法线方向）与运动方向之间所夹的锐角，称为压力角。同一齿廓的不同点上的压力角是不同的，在分度圆上的压力角，称为标准压力角。国家标准规定，标准压力角为 $20°$。

（13）中心距 a ——两啮合齿轮轴线之间的距离。

2. 直齿圆柱齿轮的几何尺寸关系（Geometric relationships in spur cylindrical gears）

在已知模数 m 和齿数 z 时，齿轮轮齿的其他参数均可按表 1-7-2 中的公式计算出来。

表 1-7-2　　　　　　　　　　　　标准直齿圆柱齿轮各基本尺寸计算公式

名　　称	符　号	公　　式
分度圆直径	d	$d = mz$
齿顶圆直径	d_a	$d_a = d + 2m = m(z+2)$
齿根圆直径	d_f	$d_f = d - 2.5m = m(z-2.5)$
齿顶高	h_a	$h_a = m$
齿根高	h_f	$h_f = 1.25m$
全齿高	h	$h = h_a + h_f = 2.25m$
中心距	a	$a = m(z_1 + z_2)/2$
齿距	p	$p = \pi m$

3. 直齿圆柱齿轮的规定画法（Conventional representation of spur cylindrical gears）

单个齿轮一般用两个视图表示。国家标准规定齿顶圆和齿顶线用粗实线绘制，分度圆和分度线用细点画线表示，齿根圆和齿根线用细实线绘制（也可以省略不画）。在剖视图中，齿根线用粗实线绘制，并不能省略。当剖切平面通过齿轮轴线时，轮齿一律按不剖绘制。单个齿轮的画法如图 1-7-7 所示。

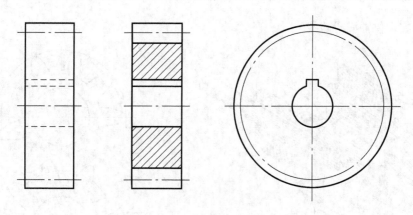

图 1-7-7　单个直齿圆柱齿轮的画法

任务实施

零件的测绘就是根据实际零件画出它的图形，测量出它的尺寸并制订出技术要求。测绘时，首先以徒手画出零件草图，然后根据该草图画出零件工作图。在仿造和修配机器部件以及技术改造时，常常要进行零件测绘，因此，它是工程技术人员必备的技能之一。

下面以如图 1-7-8 所示齿轮油泵的主动轴为例，说明零件测绘的方法和步骤。

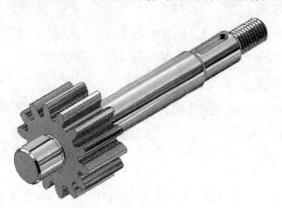

图 1-7-8　齿轮油泵主动轴

1.　了解和分析测绘对象

首先应了解零件的名称、材料以及它在机器或部件中的位置、作用及与相邻零件的关系，然后对零件的内外结构形状进行分析。

齿轮油泵如图 1-7-9 所示，是机器润滑供油系统中的 1 个主要部件，当外部动力经齿轮传至主动齿轮轴时，即产生旋转运动。当主动齿轮轴按逆时针方向（从主视图观察）旋转时，从动齿轮轴则按顺时针方向旋转，如图 1-7-10 所示为齿轮油泵工作原理。此时右边啮合的轮齿逐步分开，空腔体积逐渐扩大，油压降低，因而油池中的油在大气压力的作用下，沿吸油口进入泵腔中。齿槽中的油随着齿轮的继续旋转被带到左边；而左边的各对轮齿又重新啮合，空腔体积缩小，使齿槽中不断挤出的油成为高压油，并由压油口压出，然后经管道被输送到需要供油的部位，以实现供油润滑功能。

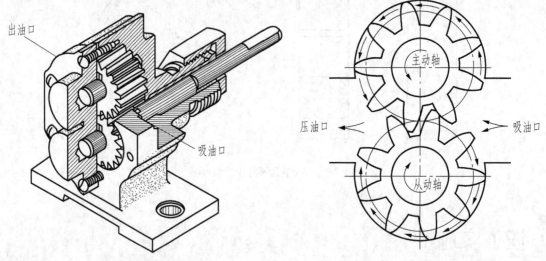

图 1-7-9　齿轮油泵轴测图　　　　图 1-7-10　齿轮油泵工作原理简图

　　油泵的主动齿轮轴是油泵上的 1 个主体件，属于轴套类零件，材料为 45 钢。它的主要作用是带动从动齿轮轴转动，从而实现油泵的吸油、压油过程。分析主动齿轮轴，主要由带键槽的阶梯轴和一个与轴一体化的齿轮构成，结构较为简单。

2. 确定表达方案

　　由于主动齿轮轴的结构较为简单，选择由基本视图、断面图、局部剖视图综合表达。基本视图表达齿轮轴的整体结构，断面图和局部剖视图表达键槽的结构。

3. 绘制零件草图

　　（1）绘制图形。根据选定的表达方案，徒手画出视图、剖视等图形，其作图步骤与画零件图相同。但需注意以下两点。

　　① 零件上的制造缺陷（如砂眼、气孔等）以及由于长期使用造成的磨损、碰伤等，均不应画出。

　　② 零件上的细小结构（如铸造圆角、倒角、倒圆、退刀槽、砂轮越程槽、凸台和凹坑等）必须画出。

　　（2）标注尺寸。先选定基准，再标注尺寸。具体应注意以下 3 点。

　　① 先集中画出所有的尺寸界线、尺寸线和箭头，再依次测量、逐个记入尺寸数字。

　　② 零件上标准结构（如键槽、退刀槽、销孔、中心孔、螺纹等）的尺寸，必须查阅相应国家标准，并予以标准化。

　　③ 与相邻零件的相关尺寸（如泵体上螺孔、销孔、沉孔的定位尺寸，以及有配合关系的尺寸等）一定要一致。

　　（3）注写技术要求。零件上的表面粗糙度、极限与配合、形位公差等技术要求，通常可采用类比法给出。具体注写时需注意以下 3 点。

　　① 主要尺寸要保证其精度。泵体的两轴线、轴线距底面以及有配合关系的尺寸等，都应给出公差。

② 有相对运动的表面及对形状、位置要求较严格的线、面等要素，要给出既合理又经济的粗糙度或形位公差要求。

③ 有配合关系的孔与轴，要查阅与其相结合的轴与孔的相应资料（装配图或零件图），以核准配合制度和配合性质。

只有这样，经测绘而制造出的零件，才能顺利地装配到机器上去并达到其功能要求。

（4）填写标题栏。一般可填写零件的名称、材料及绘图者的姓名和完成时间等。

4. 根据零件草图画零件图

草图完成后，便要根据它绘制零件图，其绘图方法和步骤同前，这里不再赘述。

知识拓展——徒手绘图（Freehand drawing）

以目测估计图形与物体的比例，按一定的画法要求徒手绘制的图形称为草图。草图不是潦草之图，草图中的线条也要粗细分明，长短大致符合比例，线型符合国家标准。

在设计、仿制或修理机器时，经常需要绘制草图。草图是工程技术人员交谈、记录、创作、构思的有力工具。徒手绘图是工程技术人员必备的一种基本技能。

1. 直线的画法（Sketching straight lines）

画直线时，可先标出直线的两个端点，然后执笔悬空沿直线方向比划一下，掌握好方向后再落笔画线，运笔时目视笔尖和直线终点，匀速运笔。

画水平线时，应自左至右画出；画垂直线时，应自上而下运笔，如图 1-7-11 所示。为了运笔方便，可将图纸斜放。

图 1-7-11　直线的徒手画法

2. 常用角度画法（Sketching common angles）

画 45°、30°、60° 等角度，可根据两直角边的比例关系，在两直角边上写出两点，然后连接而成，如图 1-7-12 所示。

图 1-7-12　角度的徒手画法

3. 圆的画法（Sketching circles）

画圆时应过圆心先画中心线，再根据半径大小用目测在中心线上定出 4 个点，然后过这 4 个点画圆，如图 1-7-13（a）所示。对较大的圆，可过圆心加画 45° 斜线，按半径目测定出 8 个点，然后过这 8 个点画圆，如图 1-7-13（b）所示。

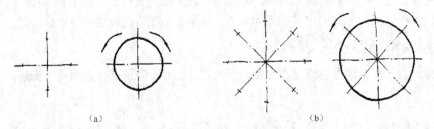

（a）　　　　　　　　　　　　　　（b）

图 1-7-13　圆的徒手画法

4. 椭圆的画法（Sketching ellipses）

（1）画椭圆时，先画出椭圆的长、短轴，并定出长、短轴的端点，如图 1-7-14（a）所示。

（2）画椭圆的外切矩形，将矩形的对角线六等分，如图 1-7-14（b）所示。

（3）过长、短轴端点和对角线靠外等分点画出椭圆，如图 1-7-14（c）所示。

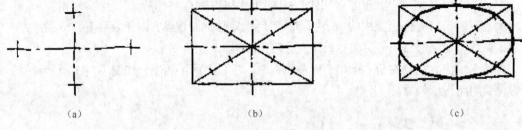

（a）　　　　　　　　　　（b）　　　　　　　　　　（c）

图 1-7-14　椭圆的徒手画法

5. 平面图形的画法（Sketching plane figures）

尺寸较复杂的平面图形，要分析图形的尺寸关系，目测尺寸尽可能准。初学徒手画图，可在方格纸上进行，可以利用方格纸上的线条确定大圆的中心线和主要轮廓线，图形各部分之间的比例可按方格纸上的格数来确定。为了方便徒手绘图时转动图纸，提高绘图速度，草图的图纸一般不固定。

任务1 简单盘盖类零件图样的绘制

任务引入与分析

本任务要求如下。

（1）将主视图改为全剖视图，图样如图 2-1-1 所示。

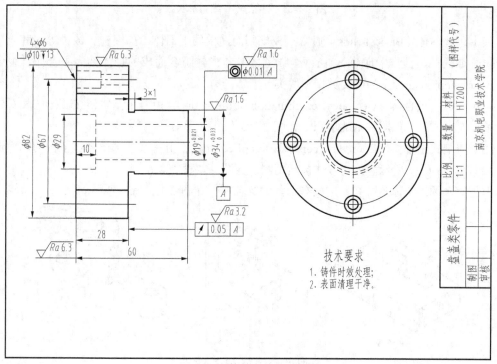

图 2-1-1 简单盘盖类零件图

（2）调整尺寸到合适的位置。

（3）根据修改过的零件图，重新抄绘一张零件图。

正确分析简单盘盖类零件图样中的视图的组成，选择正确的绘制方法，建立清晰的绘图思维，快速、准确地绘制出泵盖的零件视图。注意分析图中的尺寸、技术要求等，建立清晰、正确的立体形象。

同时，在绘制零件图的过程中，进一步掌握常用平面立体和曲面立体的视图绘制方法，以及掌握全剖视图中单一剖切面的绘制。

相关知识

一、盘盖类零件的结构分析

许多零件可以看成是由若干基本体或被平面切割的基本体组合或切割形成的，如图 2-1-2 所示。

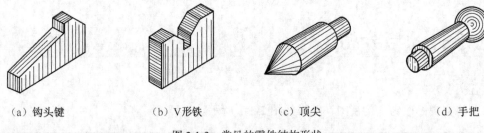

（a）钩头键　　　（b）V形铁　　　（c）顶尖　　　（d）手把

图 2-1-2　常见的零件结构形状

其中，基本体（Basic solids）通常指较规则而简单的平面体（如棱柱、棱锥等）和简单的回转体（如圆柱、圆锥、球等）。由两个以上的基本形体组合而成的物体称为组合体。组合体（Geometric combination）的主要类型有两类。

（1）叠加式组合体（Geometric combination of piling up）：由若干基本体按一定的相对位置经过叠加而形成的，如同积木的堆积，如图 2-1-3（a）所示。

（2）切割式组合体（Geometric combination of cutting）：由一个基本体经过多次切割而形成的，如图 2-1-3（b）所示。挖切方式包括切割、穿孔、切槽等。

但是很多的组合体是既有叠加又有切割的综合型，如图 2-1-3（c）所示。

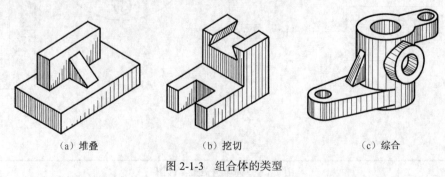

（a）堆叠　　　　　（b）挖切　　　　　（c）综合

图 2-1-3　组合体的类型

盘盖类零件就其空间几何形状来分析，是一类简单的组合体，是由两个或两个以上基本体组成的形体。该类零件一般包括齿轮、带轮、法兰盘和端盖等。盘盖类零件的主体结构一般由直径不同的回转体组成，为扁平状的盘状体，其厚度方向尺寸比其他方向尺寸小得多。为了装配，设有光孔、键槽、螺孔、轮辐、凸台、凹坑等结构。

熟练地掌握基本体及其被平面切割后的切割体的视图绘制与识读，能为绘制与识读各类零件图样打下坚实的基础。

二、全剖视图（Full sections）

当机件的内部结构复杂时，视图中就会出现很多虚线，这样既影响图形表达的清晰，也不便于标注尺寸。因此制图标准（GB/T 17452—1998）规定采用剖视图来表达机件的内部结构。

假想用一剖切平面从适当位置剖开机件，移去观察者和剖切面之间的部分，画出留下部分的视图，并在剖切面与机件接触的部分画上剖面符号,这样所得的图形称为剖视图，如图 2-1-4 所示。

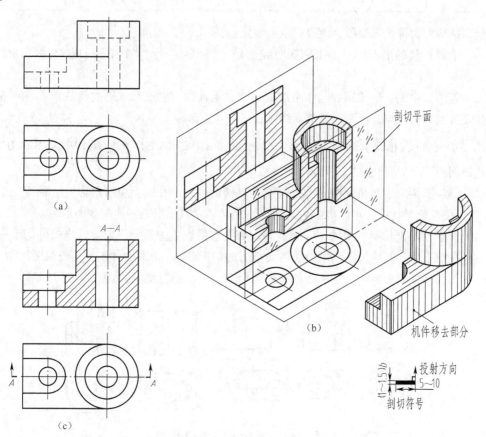

图 2-1-4　剖视图的形成

1. 剖面符号（Symbols for sections）

机件与剖切面接触到的实体部分称为剖面区域。按国标的规定，剖面区域内应画剖面符号，以便区分物体上的实体和空心部分。机件材料不同，其剖面符号的画法也不一样，各种材料的剖面符号见表 1-3-1。

表 2-1-1　　　　　　　　　　　材料的剖面符号（GB/T 4457.5—1984）

金属材料(已有规定剖面符号者除外)		型砂、填砂、粉末冶金、砂轮、陶瓷刀片、硬质合金刀片等		木材纵剖面	
非金属材料（已有规定剖面符号者除外）		钢筋混凝土		木材横剖面	
转子电枢变压器电抗器等叠钢片		玻璃及供观察用的其他透明材料		液体	
线圈绕组元件		砖		木质胶合板（不分层数）	
				格网(筛网、过滤网)	

金属材料剖面符号的绘制，应遵循以下规定。

（1）金属材料的剖面符号（也称剖面线）是一组相互平行、与水平线成 45°或 135°的细实线。

（2）若图形中的主要轮廓线与水平线成 45°，剖面线应画成与水平线成 30°或 60°的平行线，其倾斜方向仍应与其他图形的剖面线一致。

2. 绘制剖视图的注意事项（Special remarks about drawing sections）

绘制剖视图时需要注意以下几点。

（1）剖切平面应通过机件的对称平面或孔、槽的轴线（在图上应沿对称线、轴线、对称中心线），以便反映结构的实形。应避免剖切出不完整要素或不反映实形的剖面区域。

（2）假想性。剖切是假想的，实际上并没有把机件切去一部分，因此，当机件的某一个视图画成剖视图以后，其他视图仍应按机件完整时的情形画出，如图 2-1-5 所示俯视图。

（3）剖切平面后面的可见轮廓线的投影应全部画出，不能遗漏，如图 2-1-5 所示。

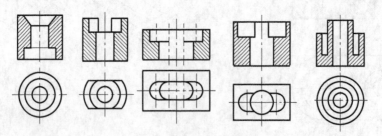

图 2-1-5　剖视图中容易漏画的图线

（4）为使图形清晰和便于读图，已表达清楚结构的虚线一般不画。只有当需要在剖视图上表达这些结构时，才画出必要的虚线，否则会增加视图数量，如图 2-1-6 中主视图中的虚线。

3. 全剖视图画法（Drawing methods of full sections）

当零件结构为对称的，且内部结构形状较复杂，而外形又较简单或外形已在其他视图上表达清楚，此时为了表达机件的内部结构，可以用剖切面完全地剖开机件，所得的剖视图称为全剖视图，如图 2-1-7 所示。

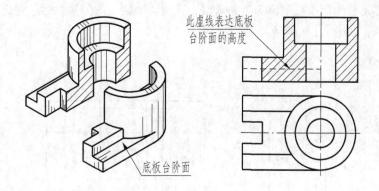

此虚线表达底板
台阶面的高度

底板台阶面

图 2-1-6　剖视图中虚线的处理

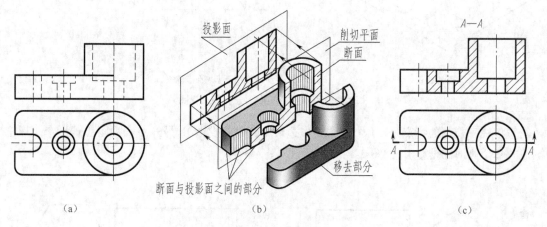

投影面

削切平面
断面

A—A

断面与投影面之间的部分

移去部分

（a）　　　　　　　　　　（b）　　　　　　　　　　（c）

图 2-1-7　全剖视图

全剖视图一般适用于外形较简单的机件。对于外形结构较复杂的机件若采用全剖视，其尚未表达清楚的外形结构可以采用其他视图表示。

三、平面立体的投影（Projections of pane body）

1. 棱柱（Prisms）

棱柱是由上底、下底和棱面组成的，如图 2-1-8 所示。上底和下底相互平行且为全等的多边形；棱面由相互平行的棱线组成；棱线相互平行。

棱柱有直棱柱和斜棱柱之分。棱线垂直于底面的棱柱为直棱柱，棱线倾斜于底面的棱柱为斜棱柱。底面为正多边形的直棱柱为正棱柱。

（1）棱柱的投影分析（Projection analysis of the prism）。下面以正六棱柱为例，介绍棱柱的投影分析和三视图。

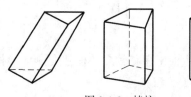

图 2-1-8　棱柱

正六棱柱上、下底面是正六边形，均平行于水平投影面，两底面的水平投影重合，并反映实形，正面投影和侧面投影均积聚成水平线。正六棱柱的 6 个侧棱面都是矩形，并垂直于水平投影面，水平投影积聚在正六边形的轮廓线上，其中，前面和后面两个侧棱面平行于正投影面，正面投影反映实形，侧面投影积聚为 1 条直线；其他 4 个棱面均为铅垂面，它们的正面和侧面投影都是类似形，如图 2-1-9 所示。

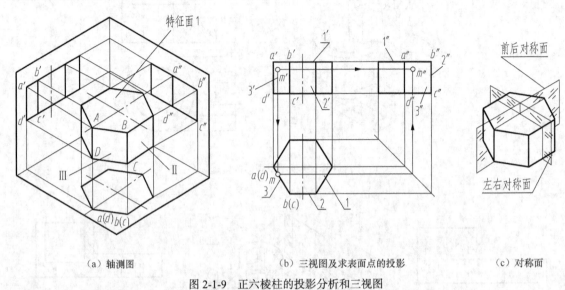

（a）轴测图　　　　　　　（b）三视图及求表面点的投影　　　　　　（c）对称面

图 2-1-9　正六棱柱的投影分析和三视图

直棱柱三视图的特点是：1 个视图为多边形（底面的投影），另外 2 个视图由若干个矩形框围成（每个侧面的投影），如图 2-1-10 所示。

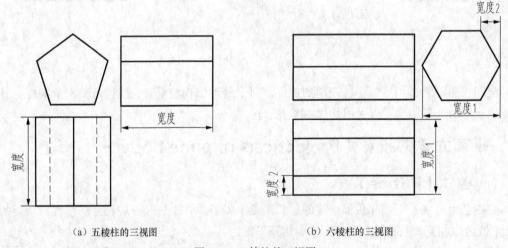

（a）五棱柱的三视图　　　　　　　　　　（b）六棱柱的三视图

图 2-1-10　棱柱的三视图

在生活中用得较多的棱柱有燕尾形柱、导轨形柱、V 形槽柱、H 形柱、工字形柱等，如图 2-1-11 所示。

（2）棱柱的画法（Drawing methods of the prism）。画棱柱的三面投影实际就是画组成棱柱的上底、下底和棱线的三面投影。一般是先画上底的三面投影，再画下底的三面投影，最后画所有棱线的三面投影。

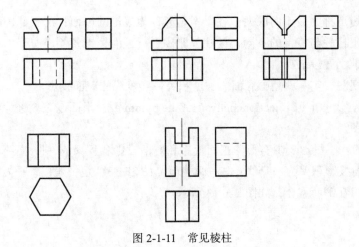

图 2-1-11　常见棱柱

现以正四棱柱为例介绍棱柱的画法。

① 将正四棱柱放到投影体系中。为了便于画图，应尽量使物体的各个表面与投影面平行或垂直。现使正四棱柱的上底和下底平行于水平面，棱线则处于铅垂线的位置，侧面为铅垂面。

② 画上底的三面投影。一般应从反映实形的那面投影开始画起。对于正四棱柱，应先画上底的水平投影，再根据投影联系画其正面投影和侧面投影，如图 2-1-12（a）、（b）所示。

③ 画下底的三面投影，如图 2-1-12（c）所示。

④ 画棱线的三面投影。可见的棱线画粗实线，不可见的画虚线。若粗实线与虚线重合，虚线省略不画，如图 2-1-12（d）所示。

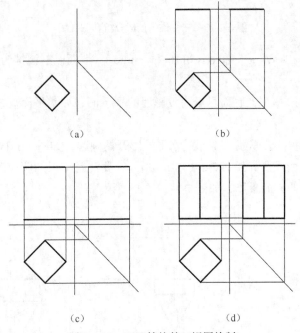

（a）　　　　　　　　　（b）

（c）　　　　　　　　　（d）

图 2-1-12　正四棱柱的三视图绘制

2. 棱锥（Pyramid）

如果平面立体的 1 个面是多边形，其余各面是有 1 个公共顶点的三角形，这种平面立体称为棱锥。这个多边形称为棱锥的底面，各个三角形称为棱锥的棱面；两相邻棱面的交线称为棱线。由此可以看出棱柱与棱锥的不同，棱柱各侧棱平行，而棱锥各侧棱交于 1 点。常见的棱锥有三棱锥、四棱锥、五棱锥等。

画棱锥的三视图，实际就是画底面、锥顶和每一条棱线的三面投影。

（1）棱锥的投影分析（Projection analysis of the pyramid）。下面以三棱锥为例，介绍棱锥的投影分析和三视图。

底面 ABC 的水平投影反映实形，正面投影和侧面投影各积聚成一段水平线；后棱面 SAC 为侧垂面，其侧面投影积聚为一直线；左右两棱面 SAB 和 SBC 是一般位置平面，它们的三面投影均为类似形且只在侧面重合，如图 2-1-13 所示。

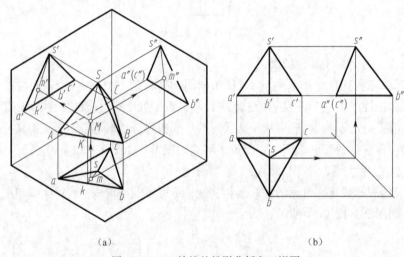

图 2-1-13　三棱锥的投影分析和三视图

（2）棱锥的画法（Drawing methods of the pyramid）。下面以三棱锥为例，讲述棱锥三视图的画法。

① 将物体放入投影体系，底面尽量为投影面的平行面，如水平面。棱线为一般位置直线，侧面为一般位置平面。

② 画底面的三面投影。从反映实形的水平投影开始画起，如图 2-1-14（a）所示。

③ 确定锥顶的三面投影，如图 2-1-14（b）所示。要注意锥顶的俯视图与左视图的宽相等。

④ 画每一条棱线的三面投影，如图 2-1-14（c）所示。

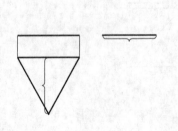

（a）底面的三面投影

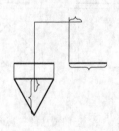

（b）锥顶的三面投影

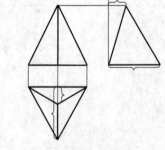

（c）棱线的三面投影

图 2-1-14　三棱锥的画法

棱锥的三面投影的特点是 3 个视图由若干个三角形围成。

四、曲面立体的投影（Body projection of curved surface）

回转体是常见的曲面立体。回转面一般是由一条母线（直线或曲线）绕轴线旋转而形成的。常见的回转体有圆柱、圆锥、圆球等。画图时要注意：回转面只画其转向轮廓素线的投影。

画回转体的投影图时，一般应画出各方向转向轮廓的 1 个投影（其中与旋转轴线、对称中心线重合的 2 个投影，被省略不画）和回转线的 3 个投影（其中 2 个投影为直线、1 个投影积聚成点，用对称中心线表示，根据机械制图规定表示轴线、对称中心线均用细点画线画出，且要超出图形的轮廓线 3~5 mm）。转向轮廓线就是在某一投影方向上观察曲面立体（如回转体）时可见与不可见部分的分界线。

回转体有一重要特性，母线上各点的运动轨迹皆为垂直于回转轴线的圆，这些圆周称为纬线（纬圆、回转圆），母线的任一位置称为素线。根据这一性质，可在回转面上作素线取点、线，称为素线法；也可在回转面上作纬线取点、线，称为纬线（纬圆、回转圆）法。

1. 圆柱（Cylinder）

圆柱是由上、下底面与圆柱面围成，如图 2-1-15 所示。圆柱面是由一条直母线 AA_1 绕平行于它的轴线 OO_1 旋转而成的，圆柱面上任意一条平行于轴线的直线称为素线。

（1）圆柱的投影分析（Projection analysis of cylinder）。图 2-1-16 所示为轴线垂直于水平面的正圆柱。

轴线与 H 面垂直放置，上、下底面平行于 H 面，水平投影反映实形；上、下底面垂直于 V 面和 W 面，所以正面投影和侧面投影积聚成直线。

主视图是一个矩形线框，为前、后两半圆柱投影（重合为一个长方形），长方形的两条竖线分别为圆柱最左、最右两条素线的投影；两条水平线分别为顶面、底面的投影。

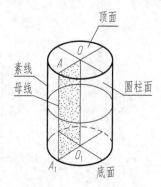

图 2-1-15　圆柱的形成

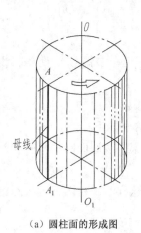

（a）圆柱面的形成图

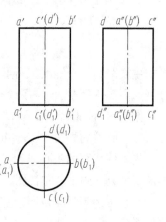

（b）轴测图　　　　　（c）三视图

图 2-1-16　圆柱的三视图及投影分析

俯视图为 1 个圆线框，是顶面、底面的投影（反映实形），也是圆柱面的积聚性投影，圆周上的任一点为对应圆柱面上的某一位置素线的水平投影。

（2）圆柱的画法（Drawing methods of cylinder）。圆柱的三视图绘制方法如下。

先画俯视图的中心线和主、左视图的轴线，然后从俯视图的圆画起，按投影关系完成其他两个视图。

在视图为矩形的主视图上标注圆柱的直径和高尺寸，这样，主视图即可将圆柱体的形状和大小反映出来。

2. 圆锥（Taper）

圆锥是由圆锥面和圆形底面围成。圆锥面是由一条直母线绕着与它相交的轴线旋转而形成的，圆锥面上任意一条通过锥顶的直线称为素线。

（1）圆锥的投影分析（Projection analysis of taper）。图 2-1-17 所示为圆锥。可以看出：圆锥的轴线垂直于 H 面，底面平行于 H 面，水平投影反映实形；同时垂直于 V 面和 W 面，所以正面投影和侧面投影积聚成直线。圆锥面的 3 个投影都没有积聚性，其水平投影与底面的水平投影重合。

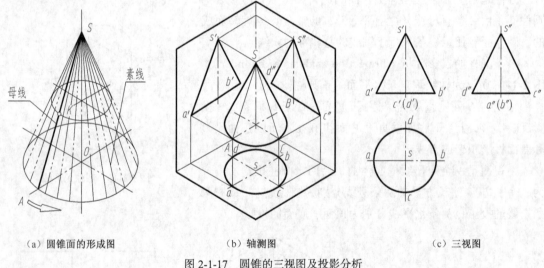

（a）圆锥面的形成图　　　　　　（b）轴测图　　　　　　（c）三视图

图 2-1-17　圆锥的三视图及投影分析

主视图是 1 个等腰三角形线框，为前、后 2 半圆锥的投影（重合成 1 个三角形），两条斜线分别为圆锥体最左、最右两条素线的投影，水平线为底面的投影。

俯视图为一圆线框，反映圆锥底面的实形，同时也表示圆锥面的投影。

（2）圆锥的画法（Drawing methods of taper）。圆锥三视图的绘制方法如下。

先画俯视图的中心线和主、左视图的轴线，然后从俯视图的圆画起，按底面圆的直径和圆锥的高度分别画主、左视图，如图 2-1-17（c）所示。

在视图为等腰三角形的主视图上标注圆锥底面的直径和高尺寸，这样，主视图即可将圆锥体的形状和大小反映出来。

3. 圆球（Pellet）

圆球面是由一个圆作母线，以其直径为轴线旋转而成。母线圆上任意点运动轨迹为大小不等的圆。

（1）圆球的投影分析（Projection analysis of pellet）。圆球的 3 个视图均为与圆球直径相等的圆，如图 2-1-18 所示。

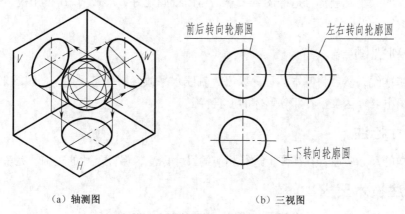

（a）轴测图　　　　　　　　　　（b）三视图

图 2-1-18　圆球的投影分析及三视图

① 正面投影的圆是圆球正视转向轮廓线（过球心平行于正面的转向轮廓线，是前、后半球面的可见与不可见的分界线）的正面投影。而圆球正视转向轮廓线的水平投影与圆球水平投影的水平对称中心线重合；其侧面投影与圆球侧面投影的垂直对称中心线重合，都省略不画。

② 水平投影的圆是圆球俯视转向轮廓线（过球心平行于水平面的转向轮廓线，是上、下半球面的可见与不可见的分界线）的水平投影。而圆球俯视转向轮廓线的正面投影和侧面投影均分别在其水平对称中心线上，都省略不画。

③ 侧面投影的圆是圆球侧视转向轮廓线（过球心平行于侧面的转向轮廓线，是左、右半球的可见与不可见的分界线）的侧面投影。而圆球侧视转向轮廓线的正面投影和水平投影均分别在其垂直对称中心线上，都省略不画。

（2）圆球的画法（Drawing methods of pellet）。圆球三视图的绘制：先画出各个视图圆的中心线，然后画出与圆球等直径的圆。

4. 具有内表面的回转体三视图

远离轴线的母线称为外母线，靠近轴线的母线称为内母线，外母线形成形体的外表面，内母线形成形体的内表面。零件的内表面通常不可见，视图中用虚线绘制其投影，如图 2-1-19 所示。

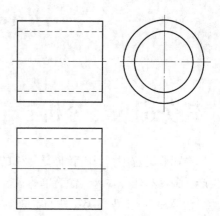

图 2-1-19　具有内表面的回转体的三视图

任务实施

1. 结构分析

该零件主要是由不同直径的回转体组成的，直径明显大于厚度，属于盘盖类零件。零件图上均布了 4 个沉孔。

2. 绘图前准备

根据零件的大小，选择合适的图纸大小，将图纸固定好，形成清晰的绘图思路，将视图合理地布置在图纸上。

3. 绘制视图

先绘制基准线，然后将基本体逐一绘出，轴线水平放置，并且采用全剖视图来表达其内部结构。左视图主要表达泵盖各部分形体的形状特征。

4. 尺寸标注

根据图样的尺寸标注，在视图上进行相应的尺寸标注，保证尺寸的正确、完整和合理。

5. 标注技术要求

根据图样的技术要求，在视图上相应的位置标注技术要求。

6. 填写标题栏

填写标题栏，完成图纸的绘制。

任务 2　简单盘盖类零件
图样的识读

任务引入与分析

在职业岗位中，只有读懂了零件的形状、尺寸和技术要求等内容，才能完成加工、检验等生产任务。本任务要求读懂简单的盘盖类零件的零件图。

读懂图 2-1-1 盘盖类零件的空间结构形状，了解其生产、加工、检验要求等。

正确分析盘盖类零件图样中视图的组成，正确理解平面体、回转体及其切割体的三视图，进一步理解剖视图等表达方法，形成盘盖类零件空间结构的想象。联系各个视图表达与零件结构的对应关系，运用柱体结构的想象方法想象盘盖类零件较大部分结构——底板，运用回转体的想象方法想象其中的回转体结构，建立整体外部结构与其他各个结构及内部结构的综合想象能力，较熟练地分析各结构定形尺寸、定位尺寸、总体尺寸及尺寸基准，并能进一步理解图样上表面结构、尺寸公差等的技术要求。

相关知识

一、平面立体的表面取点

1. 棱柱表面上点的投影

方法：利用点所在的面的积聚性。（因为正棱柱的各个面均为特殊位置面，均具有积聚性。）

平面立体表面上取点实际就是在平面上取点。首先应确定点位于立体的哪个平面上，并分析该平面的投影特性，然后再根据点的投影规律求得。

【例1】 K 点是四棱柱表面上的点，已知其正面投影 k'，如图 2-2-1（a）所示，求其水平投影 k 和侧面投影 k''。

作图步骤：

（1）判断 K 点位于哪个表面。由于 K 点的正面投影不可见，因此 K 点位于棱柱的右、后侧面上。

（2）棱柱侧面上所有点的水平投影都积聚在多边形的边上，根据长对正，可求出 K 的水平投影 k'，如图 2-2-1（b）所示。

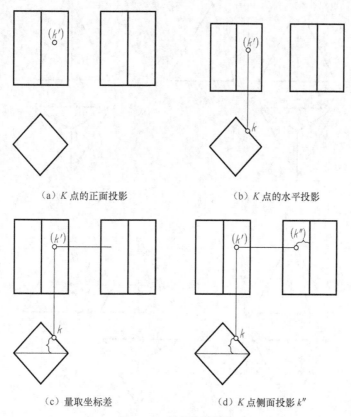

（a）K 点的正面投影　　　　　（b）K 点的水平投影

（c）量取坐标差　　　　　（d）K 点侧面投影 k''

图 2-2-1　棱柱表面取点

（3）由于没有坐标轴，因此可以选择一几何元素作为参考。现以最左的棱线为参考，量取

K 点到最左棱线的 y 坐标差，如图 2-2-1（c）所示。

（4）根据高平齐和宽相等，可以求出 K 点的侧面投影 k''，由于 K 点在右侧面，所以 k'' 不可见，如图 2-2-1（d）所示。

特别强调：点与积聚成直线的平面重影时，不加括号。

2. 棱锥的表面取点

方法：①利用点所在的面的积聚性。②辅助线法。

首先确定点位于棱锥的哪个平面上，再分析该平面的投影特性。若该平面为特殊位置平面，可利用投影的积聚性直接求得点的投影；若该平面为一般位置平面，可通过辅助线法求得。

【例2】 已知棱锥表面上 K 点的水平投影，求其正面投影 k' 和侧面投影 k''，如图 2-2-2（a）所示。

作图步骤：

（1）根据 k 可见，可知 K 点不在底面上。

（2）过 k 在 K 所在平面内做一条轴线，如连接 K 点和锥顶，如图 2-2-2（b）所示。

（3）求该直线的正面投影，如图 2-2-2（c）所示。

（4）根据长对正和从属性，求得 K 的正面投影 k'。

（5）以底面最后一条线为基准，量取 K 点到其的 y 坐标差，再根据高平齐和宽相等求得 K 点的侧面投影 k''，如图 2-2-2（d）所示。

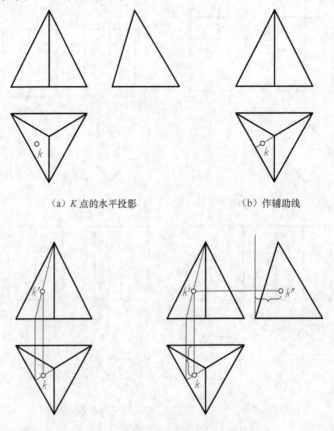

（a）K 点的水平投影   （b）作辅助线

（c）作 K 点的正面投影   （d）完成侧面投影

图 2-2-2　棱锥表面取点 1

【例3】 已知棱锥表面上 M 点的正面投影 m'，求其水平投影 m 和侧面投影 m''，如图 2-2-3 （a）所示。

作图步骤如图 2-2-3 所示。

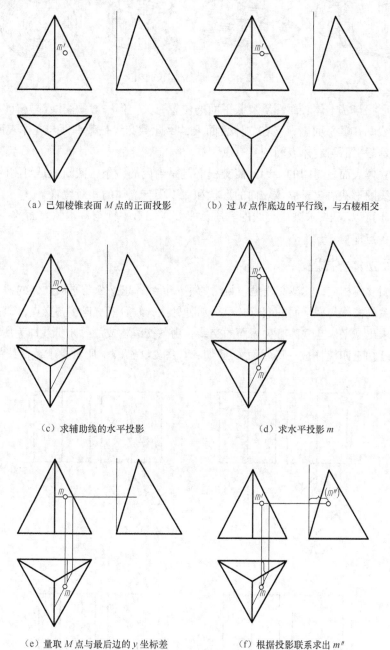

（a）已知棱锥表面 M 点的正面投影　　　（b）过 M 点作底边的平行线，与右棱相交

（c）求辅助线的水平投影　　　　　　　（d）求水平投影 m

（e）量取 M 点与最后边的 y 坐标差　　　（f）根据投影联系求出 m''

图 2-2-3　棱锥表面取点 2

二、截交线

1. 截交线的性质和求法

平面与立体表面相交，可以认为是立体被平面截切，此平面通常称为截平面，截平面与立

体表面的交线称为截交线。图 2-2-4 为平面与立体表面相交示例。

图 2-2-4　平面与立体表面相交

截交线的形状与基本体表面性质及截平面的位置有关，但一般截交线都具有以下性质。

（1）截交线既在截平面上，又在立体表面上，因此截交线是截平面与立体表面的共有线。截交线上的点是截平面与立体表面的共有点。

（2）由于立体表面是封闭的，因此截交线必定是封闭的线条，截断面是封闭的平面图形。

（3）截交线的形状决定于立体表面的形状和截平面与立体的相对位置。

由以上性质可以看出，求画截交线的实质就是要求出截平面与基本体表面的一系列共有点，然后依次连接各点即可。

2. 平面立体的截交线

平面与平面立体相交，其截交线是一封闭的平面折线。求平面与平面立体的截交线，只要求出平面立体相关的棱线与截平面的交点，经判别可见性，然后依次连接各交点，即得所求的截交线。也可直接求出截平面与立体有关表面的交线，由各交线构成的封闭折线即为所求的截交线。

【例 4】　已知正四棱柱被一铅垂面 Q 截切，如图 2-2-5（a）所示，求截交线的正面投影和侧面投影。

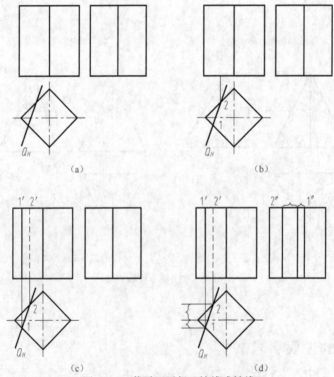

图 2-2-5　截平面平行于棱线或轴线

分析：

截平面是平行于棱线的铅垂面，所以截断面为矩形框，其正面和侧面投影都是矩形框的类似形，仍然是矩形框。

作图步骤：

（1）从反映底面的真实形状的俯视图可知，该铅垂面 Q 与左边的前后两侧面相交。由于侧面也为铅垂面，因此交线为铅垂线，水平投影积聚在 1 点和 2 点上，如图 2-2-5（b）所示。

（2）根据投影联系长对正和可见性，交线的正面投影如图 2-2-5（c）所示。

（3）根据投影联系宽相等和可见性，交线的侧面投影如图 2-2-5（d）所示。

【例5】 已知一四棱柱被一正垂面 R 斜截，求截交线的水平和侧面投影，如图 2-2-6（a）所示。

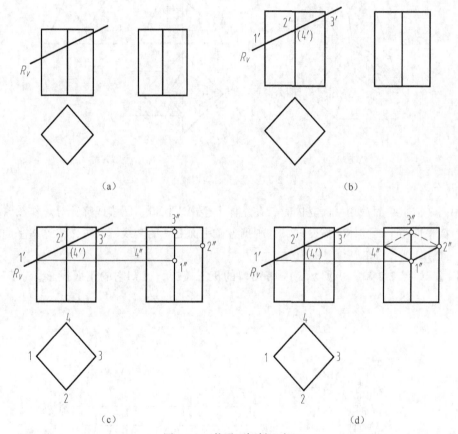

图 2-2-6 截平面倾斜于底面

分析：

由于截平面是倾斜于底面的正垂面，所以截断面的形状为底面的类似四边形，其水平投影就是俯视图，不需要求，侧面投影为四边形的类似形，也是四边形。

作图步骤：

（1）从正面投影可知，截平面 R 与四棱柱的四条棱线相交，其交点的正面投影为 $1'$, $2'$, $3'$, $4'$，如图 2-2-6（b）所示。

（2）4 交点的水平投影就是四边形的 4 个顶点，根据投影棱线求出它们的侧面投影，如

图 2-2-6（c）所示。

（3）根据可见性连线，如图 2-2-6（d）所示。

【例6】 如图 2-2-7（a）所示，求作正垂面斜切正四棱锥的截交线。

分析：

截平面与棱锥的四条棱线相交，可判定截交线是四边形，其四个顶点分别是四条棱线与截平面的交点。因此，只要求出截交线的四个顶点在各投影面上的投影，然后依次连接各顶点的同名投影，即得截交线的投影，如图 2-2-7（b）所示。

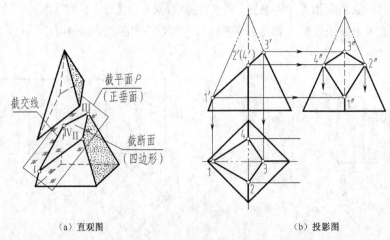

（a）直观图   （b）投影图

图 2-2-7　截平面斜切棱锥

当用两个以上平面截切平面立体时，在立体上会出现切口、凹槽或穿孔等。作图时，只要作出各个截平面与平面立体的截交线，并画出各截平面之间的交线，就可作出这些平面立体的投影。

【例7】 如图 2-2-8（a）所示，一带切口的正三棱锥，已知它的正面投影，求其另两面投影。

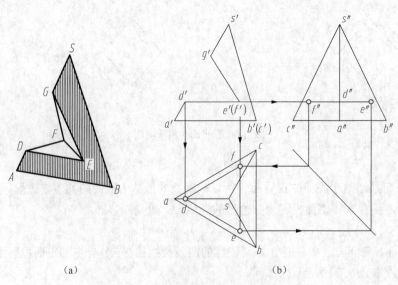

（a）   （b）

图 2-2-8　完成正棱锥切割的三视图

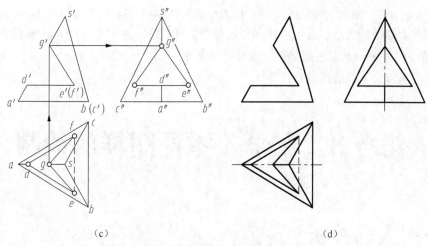

图 2-2-8　完成正棱锥切割的三视图（续）

分析：

该正三棱锥的切口是由两个相交的截平面切割而形成。两个截平面一个是水平面，一个是正垂面，它们都垂直于正面，因此切口的正面投影具有积聚性。水平截面与三棱锥的底面平行，因此它与棱面 SAB 和 SAC 的交线 DE、DF 必分别平行于底边 AB 和 AC，水平截面的侧面投影积聚成一条直线。正垂截面分别与棱面 SAB 和 SAC 交于直线 GE、GF。由于两个截平面都垂直于正面，所以两截平面的交线一定是正垂线，作出以上交线的投影即可得出所求投影。作图过程如图 2-2-8（b）、（c）、（d）所示。

任务实施

1. 获取零件基本信息

由图 2-1-1 的标题栏可知，该零件是盘盖类零件，选用的材料为 HT200，绘制该图形所用的比例为 1：1。

2. 想象零件结构形状及读出零件的尺寸

零件的结构形状及大小是通过一组图形及图形上标注的尺寸来表达的。在该零件图中有两个视图，一个是全剖的主视图，一个是左视图。

主视图采用了单一剖切面的全剖视图。它表达出零件的内部结构主要由两个同轴的圆柱孔构成，直径分别为 ϕ29 mm 以及 ϕ19 mm。该零件的外形主要由两个同轴的圆柱体组成，直径分别为 ϕ82 mm 和 ϕ34 mm。直径为 ϕ82 mm 的圆筒上均匀分布着 4 个沉孔。

把内、外形状结合起来考虑，得到盘盖类零件的整体形状。

3. 读取零件的尺寸标注

盖的左端面为轴向的主要基准，径向基准是轴心线。

4. 读取零件的技术要求

（1）读取尺寸公差。例如圆筒 $\phi34^{+0.033}_{0}$ mm 有尺寸公差的要求。该尺寸公差的上、下偏差分别为+0.033 mm 和 0，限定了该轴的实际直径大小必须控制在 ϕ34 mm～ϕ34.033 mm 之间。

（2）读取表面结构代号。表面要求最高的数值为 1.6μm，说明了 ϕ19 mm 轴孔的内表面的粗糙度 Ra 值为 1.6μm。其他表面的粗糙度在这里省略。

（3）读取形位公差。请读者自行分析。

任务3　左泵盖零件图样的绘制

任务引入与分析

本任务要求如下。

（1）将主视图补全，并且根据左视图绘制的剖切符号，将主视图改绘为全剖视图，图样如图 2-3-1 所示。

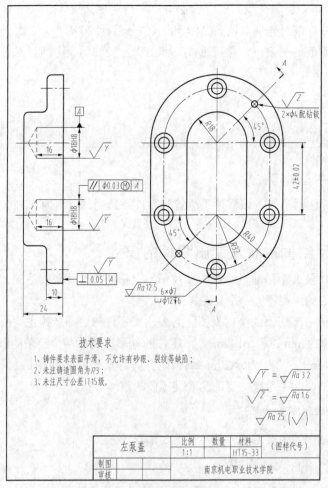

图 2-3-1　左泵盖零件图

（2）调整尺寸到合适的位置。

（3）根据修改过的零件图，重新抄绘一张零件图。

正确分析左泵盖零件图样中的视图的组成，选择合适、便捷的绘制方法，建立清晰的绘图思维，快速、准确地绘制出左泵盖的零件视图。注意分析图中的尺寸、技术要求等，建立清晰、正确的立体形象。

同时，要培养空间想象能力和利用二维图形表达三维物体的思维方法。要求深刻理解回转曲面的投影及其转向轮廓线的概念，掌握圆柱、圆锥和圆球与平面相交的各种情况，以及圆柱与圆柱正交时相贯线的求法。通过自学能掌握辅助平面法的基本原理和研究方法。

相关知识

一、回转体的表面取点

1. 圆柱表面上点的投影

方法：利用点所在的面的积聚性。（因为圆柱的圆柱面和两底面均至少有一个投影具有积聚性。）

【例1】 如图 2-3-2 所示，已知圆柱表面上点 M 和 N 的正面投影为 m' 和 n'，求作点 M 和 N 的其他两投影 m、m'' 和 n、n''。

分析：

由于圆柱体表面的水平投影积聚成一个圆，那么在圆柱表面上点的水平投影一定在这个圆上，所以，圆柱体表面上的点的投影均可利用投影的积聚性作图。

因为 m' 可见，所以点 M 必在前半个圆柱面上，根据该圆柱面水平投影具有积聚性的特征，m 必定落在前半水平投影圆上，再由 m'、m，即可求出 m''。由于点 M 处在圆柱面的左半部分，所以 m'' 是可见的。

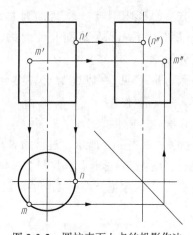

图 2-3-2　圆柱表面上点的投影作法

用同样的方法，可作出 N 点的其他两个投影。

从本例可以看出，求回转体表面上的点，应该分 3 步。

（1）根据给出点的投影判断点的位置（空间点在立体表面的位置）。

（2）利用作图方法求出另两面的投影（本例利用圆柱面积聚性投影求出水平投影）。

（3）要判断求出点的可见性（如果点的投影落在面的积聚性投影上，这个投影可见性可以不作判断）。

【例2】 如图 2-3-3 所示，已知圆柱面上点 M 的正面投影 m'，求作点 M 的其余两个投影。

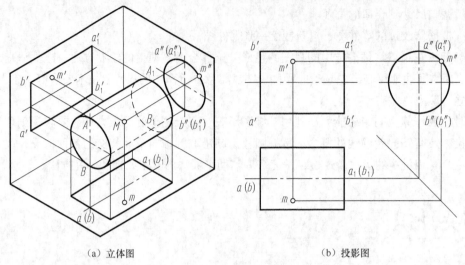

（a）立体图 　　　　　　　　　　　　（b）投影图

图 2-3-3　圆柱的投影及表面上的点

分析：

因为圆柱面的投影具有积聚性，圆柱面上点的侧面投影一定重影在圆周上。又因为 m' 可见，所以点 M 必在前半圆柱面的上边，由 m' 求得 m''，再由 m' 和 m'' 求得 m。

2. 圆锥表面上点的投影

方法：①辅助线法；②辅助圆法。

【例3】　已知圆锥表面上点 M 的正面投影 m'，求作点 M 的其余两个投影。

分析：

因为 m' 可见，所以点 M 必在前半个圆锥面的左边，故可判定点 M 的另两面投影均为可见。作图方法有两种。

作法一：辅助线法

如图 2-3-4（a）所示，过锥顶 S 和点 M 作一直线 SA，与底面交于点 A。点 M 的各个投影必在此 SA 的相应投影上。在图 2-3-4（b）中过 m' 作 $s'a'$，然后求出其水平投影 sa。由于点 M 属于直线 SA，根据点在直线上的从属性质可知 m 必在 sa 上，求出水平投影 m，再根据 m、m' 可求出 m''。

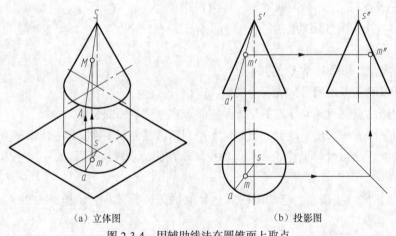

（a）立体图 　　　　　　　　　　　　（b）投影图

图 2-3-4　用辅助线法在圆锥面上取点

作法二：辅助圆法

如图 2-3-5（a）所示，过圆锥面上点 M 作一垂直于圆锥轴线的辅助圆，点 M 的各个投影必在此辅助圆的相应投影上。在图 2-3-5（b）中过 m' 作水平线 $a'b'$，此为辅助圆的正面投影积聚线。辅助圆的水平投影为一直径等于 $a'b'$ 的圆，圆心为 s，由 m' 向下引垂线与此圆相交，且根据点 M 的可见性，即可求出 m。然后再由 m' 和 m 求出 m''。

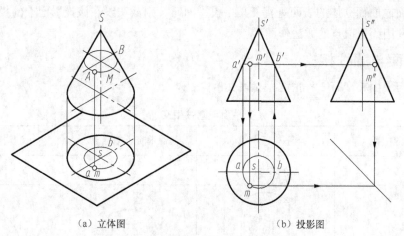

（a）立体图　　　　　　　　（b）投影图

图 2-3-5　用辅助圆法在圆锥面上取点

3. 圆球表面点的投影

方法：辅助圆法。

圆球面的投影没有积聚性，求作其表面上点的投影需采用辅助圆法，即过该点在球面上作 1 个平行于任一投影面的辅助圆。

【例 4】　如图 2-3-6 所示，已知球面上点 M 的水平投影，求作其余 2 个投影。

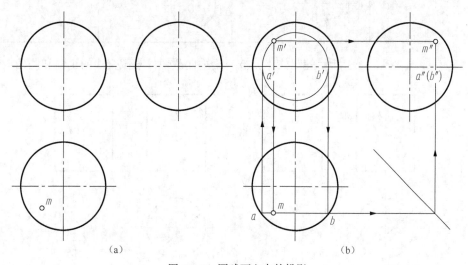

（a）　　　　　　　　　　　　　（b）

图 2-3-6　圆球面上点的投影

分析：

过点 M 作一平行于正面的辅助圆，它的水平投影为过 m 的直线 ab，正面投影为直径等于 ab 长度的圆。自 m 向上引垂线，在正面投影上与辅助圆相交于两点。又由于 m 可见，故点 M

必在上半个圆周上，据此可确定位置偏上的点即为 m'，再由 m、m' 可求出 m''。

二、回转体的切割

作曲面立体的截交线，就是求截平面与曲面立体表面的共有点的投影，然后把各点的同名投影依次光滑连接起来。

当截平面或曲面立体的表面垂直于某一投影面时，则截交线在该投影面上的投影具有积聚性，可直接利用面上取点的方法作图。

1. 平面与圆柱相交

圆柱体与平面相交有 3 种情况，见表 2-3-1。

表 2-3-1　　　　　　　　　　　　平面与圆柱相交

截平面的位置	平行于轴线	垂直于轴线	倾斜于轴线
截交线的形状	矩形	圆	椭圆
立体图			
投影图			

【例5】　如图 2-3-7（a）所示的圆柱体，被一铅垂面截切，求截交线的正面和侧面投影。

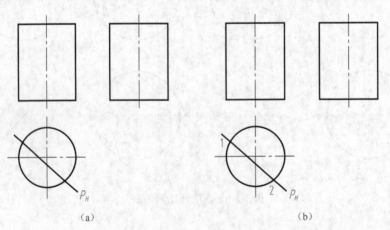

（a）　　　　　　　　　　　　　　　　（b）

图 2-3-7　截平面垂直于底面

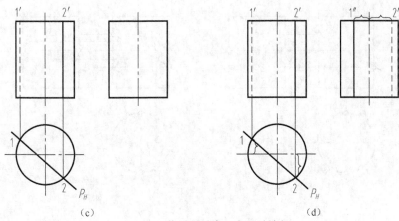

（c）   （d）

图 2-3-7　截平面垂直于底面（续）

分析：

截平面平行于轴线，截断面为矩形框。其正面和侧面投影为矩形框的类似形，仍然是矩形框。

作图步骤：

（1）从俯视图可知截平面与圆柱面的交线积聚在圆周的 1 点和 2 点上，为铅垂线，如图 2-3-7（b）所示。

（2）根据投影联系长对正和可见性，交线的正面投影如图 2-3-7（c）所示。

（3）根据投影联系宽相等和可见性，交线的侧面投影如图 2-3-7（d）所示。

【例6】　如图 2-3-8（a）所示的圆柱，被一正垂面 Q 斜截，求其截交线的投影。

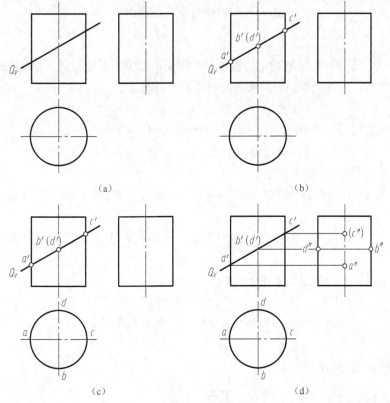

（a）   （b）

（c）   （d）

图 2-3-8　截平面倾斜于底面

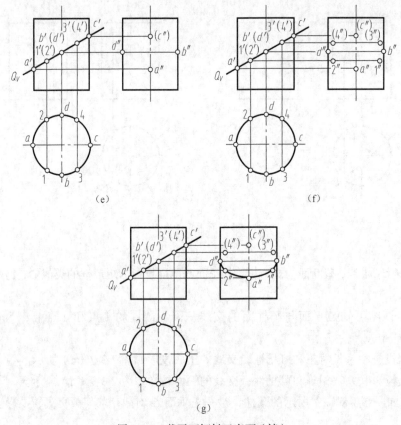

图 2-3-8　截平面倾斜于底面（续）

分析：

截平面 Q 为正垂面，与圆柱的轴线倾斜，其断面为圆的类似形椭圆。画椭圆的投影应该先找出椭圆的控制点，即长、短轴上的象限点和若干个中间点。

作图步骤：

（1）截交线椭圆的 4 个象限点的正面投影如图 2-3-8（b）所示。

（2）4 个象限点的水平投影落在圆的象限点上，如图 2-3-8（c）所示。

（3）4 个象限点的侧面投影如图 2-3-8（d）所示。

（4）再找若干个中间点，如图 2-3-8（e）所示的 1′，2′，3′，4′，它们是左右对称的 4 个点。

（5）1、2、3、4 点的水平投影落在圆周上，侧面投影满足投影联系，如图 2-3-8（f）所示。

（6）根据可见性光滑连接，如图 2-3-8（g）所示。

当截平面与轴线之间的夹角为 45° 时，椭圆的投影变为了圆，如图 2-3-9 所示。

2. 平面与圆锥相交

圆锥体与平面相交可分为 5 种情况，见表 2-3-2。

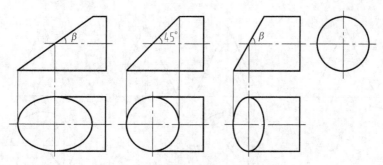

图 2-3-9　截平面的变化对投影的影响

表 2-3-2　　　　　　　　　　　　　　　　　平面与圆锥相交

截平面位置	通过锥顶	垂直于轴线	倾斜于轴线 （$\alpha>\phi$）	倾斜于轴线 （$\alpha=\phi$）	倾斜于轴线 （$\alpha<\phi$）
截交线	等腰三角形	圆	椭圆	抛物线加直线	双曲线加直线
轴测图					
投影图					

在这 5 种截交线中，有两条是圆规和直尺可直接画出的——直线和圆，其他 3 种曲线（椭圆、双曲线和抛物线）只能通过把曲线离散成若干个点，在圆锥表面上取这些点，最后光滑连接而成。

【例 7】　求过锥顶的截平面与圆锥的截交线，如图 2-3-10（a）、（b）所示。

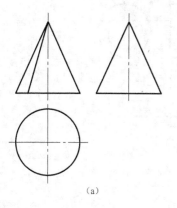

（a）

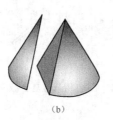

（b）

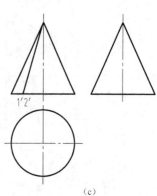

（c）

图 2-3-10　圆锥的斜切

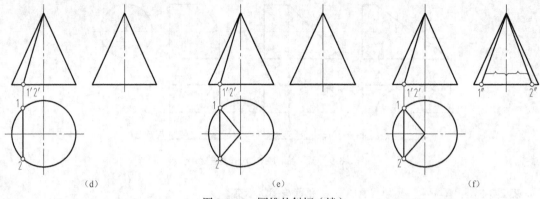

图 2-3-10　圆锥的斜切（续）

分析：

截平面为过锥顶的正垂面，它与圆锥的交线为直线，该直线的一个端点为锥顶，另一个端点在圆锥的底圆上。

作图步骤：

（1）截平面与底圆交点的正面投影为 1′，2′，如图 2-3-10（c）所示。

（2）根据投影联系求出 I 和 II 点的水平投影，如图 2-3-10（d）所示。

（3）俯视图中，连接 1 和圆心、2 和圆心，即得截断面的水平投影，如图 2-3-10（e）所示。

（4）根据高平齐和宽相等，求得 I 和 II 点的侧面投影，如图 2-3-10（f）所示。

（5）左视图中连接 1″和锥顶、2″和锥顶，得断面的侧面投影，如图 2-3-10（f）所示。

【例 8】　如图 2-3-11（a）所示，已知主视图，补画左视图和俯视图。

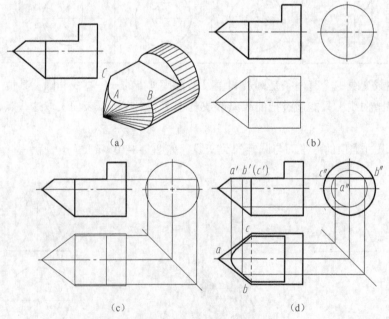

图 2-3-11　圆柱和圆锥复合截交线

分析：

这是一个由圆锥和圆柱组成的立体，圆锥和圆柱的轴线重合，柱面和锥面的交线为圆，被一个水平面和一个侧平面切去一角，和柱面的交线为直线和圆弧，和锥面的交线为双曲线，双曲线的水平投影反映实形。

作图步骤：

（1）先画出圆柱和圆锥没被切割之前的左视图和俯视图，如图 2-3-11（b）所示。

（2）切去一角后，左视图多出一条水平线，如图 2-3-11（c）所示。

（3）画出圆柱切割后的俯视图，如图 2-3-11（c）所示。

（4）求出双曲线上特殊点 A、B、C 的水平投影，用辅助平面法求出双曲线上一般点的水平投影，如图 2-3-11（d）所示。

（5）用曲线板光滑连接双曲线，修改圆柱和圆锥交线水平投影的可见性，如图 2-3-11（d）所示。

【例 9】 如图 2-3-12（a）所示，根据立体图绘制三视图。

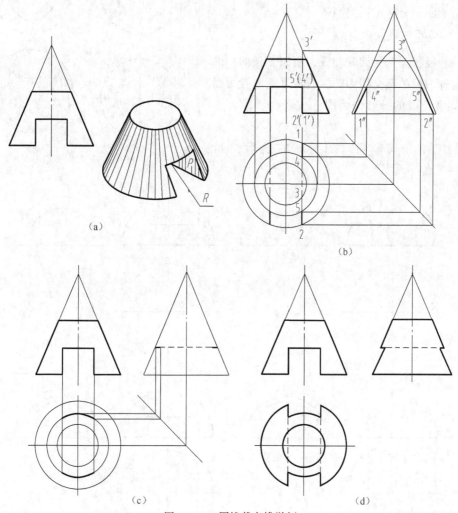

图 2-3-12 圆锥截交线举例

分析：

槽的侧面 P 为侧平面，并和圆锥的轴线平行，所以，P 平面和锥面的交线为双曲线段，并且侧面投影反映实形。槽的上面 R 为水平面，并和圆锥的轴线垂直，所以，R 平面和锥面的交线为圆弧，并且水平投影反映实形，圆弧的半径可从主视图上求得。

作图步骤：

（1）画圆台的三视图，如图 2-3-12（b）所示。

（2）画矩形槽的主视图，尺寸从模型（或立体图）上测量，如图 2-3-12（b）所示。

（3）作 P 平面和锥面交线——双曲线的 W 面投影和水平投影；5 个特殊点中，有两点采用辅助平面法求出，如图 2-3-12（b）所示。

（4）作 R 平面和锥面交线——圆弧的水平投影和 W 面的投影，注意圆弧的半径不要量错，如图 2-3-12（c）所示。

（5）整理轮廓线，从主视图上可以看出，锥面对 W 面的转向轮廓线被矩形槽切去了一段，圆台的底圆也被切去了一段圆弧，所以，俯视图不再是完整的圆，如图 2-3-12（d）所示。

3. 平面与圆球相交

球的直径都是球的回转轴线，所以，任何平面切球，与球表面的截交线为圆。若截平面与投影面平行，则截交线的投影仍为圆，或者为线段，如图 2-3-13 所示。

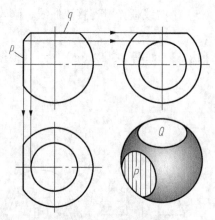

图 2-3-13　球的截切

【例 10】 完成带切口的半球的投影，如图 2-3-14（a）所示。

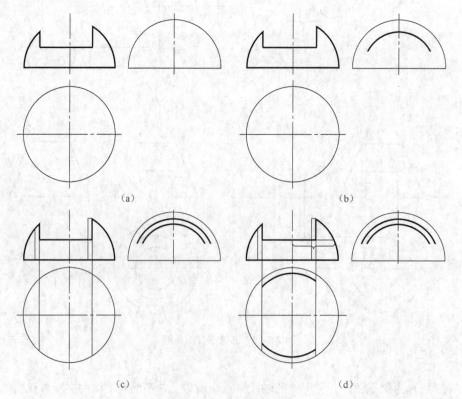

（a）　　　　　　　　　（b）

（c）　　　　　　　　　（d）

图 2-3-14　圆球的截切

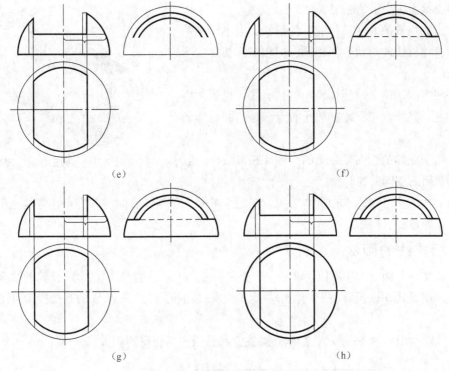

图 2-3-14　圆球的截切（续）

分析：

半球被两个侧平面和一个水平面切割。侧平面上的截交线圆在左视图上反映实形；水平的截平面上的交线圆在水平面上的投影反映实形。

作图步骤：

（1）最左边的侧平面与球交线圆的半径和截交线圆，如图 2-3-14（b）所示。

（2）最右边的侧平面与球交线圆的半径和截交线圆，如图 2-3-14（c）所示。

（3）水平面与球交线圆的半径和截交线圆，如图 2-3-14（d）所示。

（4）两侧平面的形状小于半圆，所以其水平投影的长度小于直径的长度，如图 2-3-14（e）所示。

（5）水平面的形状在其水平投影中反映，其侧面投影的长度正好等于直径，如图 2-3-14（f）所示，其中一段为虚线。

（6）左视图中最大圆的正面投影位于圆的垂直轴线上，所以其侧面投影中球的轮廓线应满足投影联系，如图 2-3-14（g）所示。

（7）俯视图中最大圆的正面投影位于圆的水平直径，所以水平投影中的球的轮廓线为整圆，如图 2-3-14（h）所示。

三、立体与立体相交

1. 相贯线的概念与性质

两回转体表面相交时产生的交线称为相贯线，如图 2-3-15 所示。在画该类零件的投影时，必然涉及如何绘制相贯线的问题，本节主要介绍用表面取点法求两圆柱正交时（相贯两圆柱轴线垂直相交称为正交）的相贯线。

由于组成相贯的各回转体的几何形状、大小和相对位置不同，相贯线的形状也不相同，但相贯线都具有下列性质。

（1）相贯线是两个回转体表面的共有线，也是两相交回转体的分界线。相贯线上的所有点都是两回转体表面的共有点。

（2）由于立体的表面是封闭的，因此相贯线在一般情况下是封闭的空间曲线。

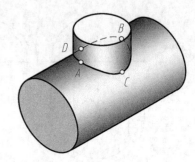

图 2-3-15　圆柱与圆柱相贯

根据上述性质可知，求相贯线的实质，就是求两个基本体表面的共有点，将这些点光滑地连接起来，即得相贯线。

2. 相贯线的画法

两个相交的曲面立体中，如果其中一个是柱面立体（常见的是圆柱面），且其轴线垂直于某投影面时，相贯线在该投影面上的投影一定积聚在柱面投影上，相贯线的其余投影可用表面取点法求出。

【例 11】　如图 2-3-16 所示，绘制外圆柱面和外圆柱面相交的相贯线。

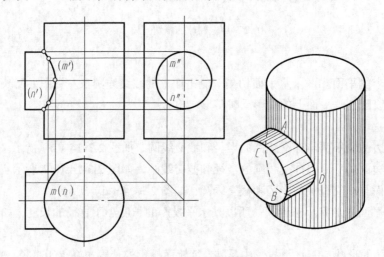

图 2-3-16　圆柱相贯线画法

作图步骤：

（1）首先画出两个圆柱轮廓线的三视图，确定两个圆柱的相对位置。

（2）求特殊点的正面投影。所谓特殊点，就是两个柱面转向轮廓线上的点和表示相贯线空间极限范围的点，本例中的 A、B、C、D 即为柱面对 V 面和 H 面转向轮廓线上的点，也是空间曲线最高点、最低点、最后点和最前点。

（3）求一般点的投影。如 M 点和 N 点，可先确定其水平投影，根据宽相等求出其侧面投影，最后求出正面投影。

（4）根据点在空间的连接顺序，用曲线板连接成光滑曲线。

【例 12】　绘制直径相等的两个外圆柱面相交的相贯线。

上例中假想大圆柱的直径不变，而小圆柱的直径变大，D 点的 V 面投影将向右移动，A 点的 V 面投影将向上移动。当两个圆柱的直径相等时，相贯线将由空间曲线变为平面曲线椭圆，若竖直放置的圆柱面只有左半个柱面参与相贯，则相贯线的空间形状为两段椭圆弧，且椭圆平面和 V 面处于垂直位置，所以，相贯线的 V 面投影为两段直线。

分析：

若两个直径相等的柱面互相贯穿，则相贯线为两个完整的椭圆，两个椭圆在柱面不反映圆的视图上，聚积成直线，如图 2-3-17 所示。

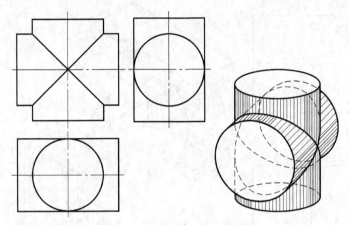

图 2-3-17　直径相等的两个柱面相交

【例 13】　绘制外圆柱面和内圆柱面相交的相贯线。

分析：

外圆柱面和内圆柱面相交、内圆柱面和内圆柱面相交时，相贯线的形状和外圆柱面与外圆柱面相交时相贯线的形状相同，画法也完全一样。当两个柱面的直径相差较大时，可用圆弧代替曲线，圆弧的半径等于大圆柱面的半径。即用俯视图的圆弧代替主视图的曲线。只是要特别注意，当圆柱套筒和一个圆柱孔相贯时，若采用近似画法，套筒外圆柱面和孔的相贯线的圆弧半径为外圆柱面的半径，套筒内圆柱面和孔的相贯线的圆弧半径为内圆柱面的半径，把两条相贯线的圆弧半径画得相等是错误的。正确画法如图 2-3-18 所示。

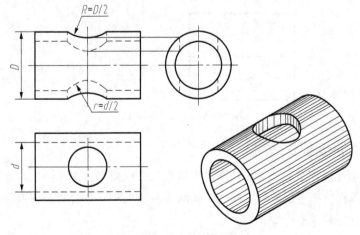

图 2-3-18　内、外圆柱面相交

【例14】 绘制内圆柱面和内圆柱面相交的相贯线。

分析：

内圆柱面和内圆柱面相贯时，若两孔的直径相等，产生的相贯线的空间形状也为椭圆或椭圆弧，在柱面不反映圆的视图上的投影也积聚为直线，只是不可见，应画成虚线。圆孔和圆孔相贯时，要特别注意内孔的转向轮廓线，在相贯区域，孔的转向轮廓线应断开（见图2-3-19和图2-3-20）。

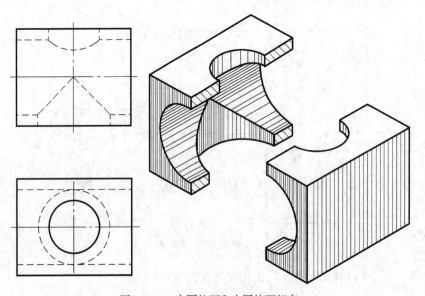

图 2-3-19　内圆柱面和内圆柱面相交

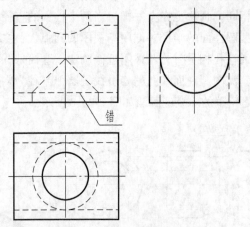

图 2-3-20　常见错误画法

3. 相贯线的近似画法

相贯线的作图步骤较多，如对相贯线的准确性无特殊要求，当两圆柱垂直正交且直径不相等时，可采用圆弧代替相贯线的近似画法。如图2-3-21所示，垂直正交两圆柱的相贯线可用大圆柱的 $D/2$ 为半径作圆弧来代替。

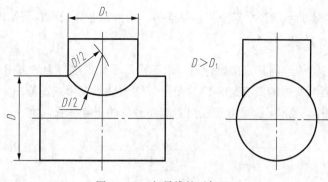

图 2-3-21　相贯线的近似画法

任务实施

1. 结构分析

左泵盖主要是由不同直径的回转体组成的，直径远远大于厚度，属于盘盖类零件。零件图上均布了 6 个沉孔和 2 个销孔。

2. 绘图前准备

根据零件的大小，选择合适的图纸大小，将图纸固定好，形成清晰的绘图思路，将视图合理地布置在图纸上。

3. 绘制视图

先绘制基准线，然后将基本体逐一绘出，轴线水平放置，并且采用两个相交平面的全剖视图来表达其内部结构。左视图主要表达左泵盖各部分形体的形状特征。

4. 尺寸标注

左泵盖以右端面作为配合面，在长度方向上即以该端面作为主要的长度方向尺寸基准；以上面的孔的水平轴线作为高度方向的主要基准；以左视图的对称中心线作为主要的宽度方向基准。

根据图样的尺寸标注，在视图上进行相应的尺寸标注，保证尺寸的正确、完整和合理。

5. 标注技术要求

根据图样的技术要求，在视图上相应的位置标注技术要求。

6. 填写标题栏

填写标题栏，完成图纸的绘制。

知识拓展——轴测图

用正投影法绘制的三视图，能准确表达物体的形状，但缺乏立体感。为了帮助看图，工程上常采用轴测图为辅助图样。在制图教学中，轴测图是发展空间构思能力的手段之一，通过画轴测图可帮助想象物体的形状，培养空间想象能力，为读组合体视图打下基础。

1. 轴测图的基本概念

（1）轴测图。将物体连同其直角坐标系，沿不平行于任一坐标面的方向，用平行投影法将其投射在单一投影面上所得的具有立体感的图形，称为轴测投影或轴测图。该投影面（P）称为轴测投影面，如图 2-3-22 所示。由于轴测图能同时反映出物体长、宽、高三个方向的形状，所以具有立体感。

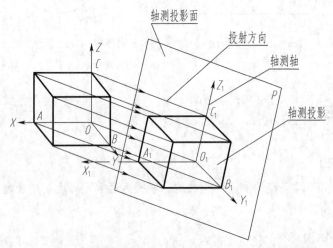

图 2-3-22　轴测图的形成

（2）轴测轴。空间直角坐标系中的 3 根坐标轴 OX、OY、OZ 在轴测投影面上的投影 O_1X_1、O_1Y_1、O_1Z_1，称为轴测轴。

（3）轴间角。两根轴测轴之间的夹角称为轴间角。

（4）轴向伸缩系数。轴测轴上的单位长度与相应直角坐标轴的单位长度的比值称为轴向伸缩系数。O_1X_1、O_1Y_1 和 O_1Z_1 的轴向伸缩系数分别用 p、q、r 表示。

X 轴的轴向伸缩系数：$p = \dfrac{O_1A_1}{OA}$；

Y 轴的轴向伸缩系数：$q = \dfrac{O_1B_1}{OB}$；

Z 轴的轴向伸缩系数：$r = \dfrac{O_1C_1}{OC}$。

2. 轴测图的分类

根据投射方向与轴测投影面的相对位置，轴测图分为两类：投射方向与轴测投影面垂直所得的轴测图称为正轴测图；投射方向与轴测投影面倾斜所得的轴测图称为斜轴测图。

3. 轴测图的基本性质

由于轴测投影是根据平行投影法而得，所以，在原物体与轴测投影之间有以下关系。

（1）平行性，物体上相互平行的线段，其轴测投影也相互平行。与坐标轴平行的线段，其轴测投影必平行于轴测轴。

（2）等比性。物体上平行于坐标轴的线段（轴向线段），其轴测投影与相应轴测轴有着相同的伸缩系数。即物体上与坐标轴平行的线段，其轴测图上可按原来尺寸乘上轴向伸缩系数，得出轴向线段长度。

对于物体上那些与坐标轴不平行的线段（非轴向线段），有不同的伸缩系数。作图时，不能应用等比性作图，而是应用坐标法定出直线两端点连线。

4. 正等轴测图的形成及参数

将形体放置成使它的 3 个坐标轴与轴测投影面具有相同的夹角，然后用正投影的方法向轴测投影面投影，就可得到该形体的正等轴测投影，简称正等测图。

图 2-3-23（a）所示的正方体，取其后面 3 根棱线为其内在的直角坐标轴，然后绕 Z 轴旋转 45°，成为图 2-3-23（b）所示的位置；再向前倾斜到正方体的对角线垂直于投影面 P，成为图 2-3-23（c）所示的位置。在此位置上正方体的 3 个坐标轴与轴测投影面有相同的夹角，然后向轴测投影面 P 进行正投影，所得轴测图即为此正方体的正等测图。

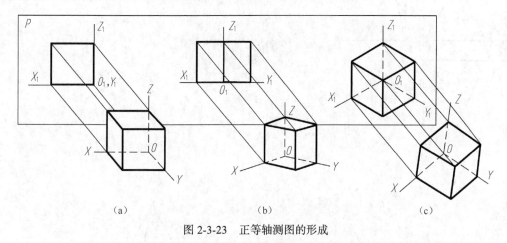

（a）　　　　　　　　　（b）　　　　　　　　　（c）

图 2-3-23　正等轴测图的形成

（1）轴间角。正等轴测图中的 3 个轴间角均为 120°，其中 Z_1 轴画成铅垂方向，如图 2-3-24 所示。

（2）轴向伸缩系数。轴向伸缩系数 $p=q=r\approx 0.82$，为作图方便，通常采用简化的轴向伸缩系数 $p=q=r=1$，即与轴测图平行的线段，作图时按实际长度直接量取，此时正等测图放大为原投影的 $1/0.82\approx 1.22$ 倍。

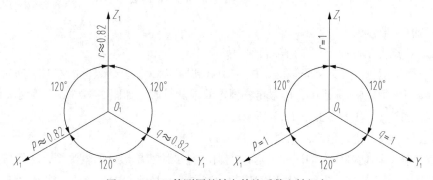

图 2-3-24　正等测图的轴向伸缩系数和轴间角

5. 平面立体的正等轴测图画法

根据物体的形状特点，画正等轴测图有坐标法、切割法和叠加法 3 种方法。其中坐标法是基础，这些方法也适用于其他轴测图。这 3 种方法在实际作图中，多数情况下综合起来应用，因此可称为"综合法"。

（1）坐标法。根据点的坐标作出点的轴测图的方法，称为坐标定点法（坐标法）。它是绘制轴测图的基本方法。它不仅可以绘制点的轴测图，而且还可以绘制各种物体的轴测图。

画平面立体的轴测图时，首先应确定坐标原点和直角坐标轴，并画出轴测轴；然后根据各顶点的坐标，画出其轴测投影；最后依次连线，完成整个平面立体的轴测图。

【例 15】 已知三棱锥 *S-ABC* 的三视图如图 2-3-25（a）所示，求作正等轴测图。

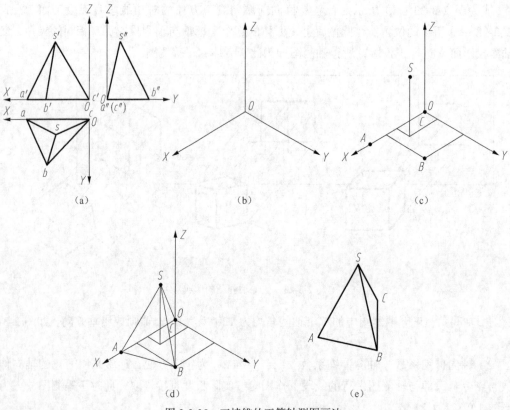

图 2-3-25　三棱锥的正等轴测图画法

作图步骤：（坐标法）

① 确定 *C* 点为坐标原点，画出轴测轴，如图 2-3-25（b）所示。

② 沿坐标轴度量尺寸，即量取 *A*、*B*、*S* 3 点到原点 *O*（即 *C* 点）的左右、前后、上下的坐标差，并截取在轴测坐标系中，可求得各顶点的轴测投影，如图 2-3-25（c）所示。

③ 连接对应点，如图 2-3-25（d）所示。

④ 擦去作图线，检查描深，如图 2-3-25（e）所示。

（2）切割法。画切割体的轴测图，可以先画出完整的简单形体的轴测图，然后按其结构特点逐个地切去多余的部分，进而完成切割体的轴测图，这种绘制轴测图的方法称为切割法。

【例 16】 已知物体的三视图如图 2-3-26（a）所示，求作正等轴测图。

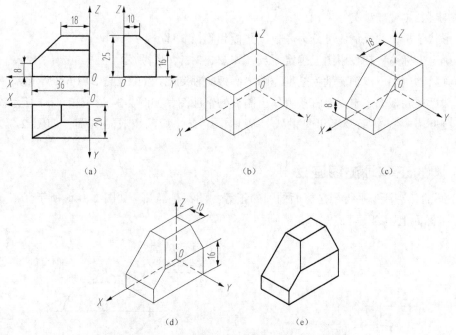

图 2-3-26　切割体的三视图及正等轴测图画法

作图步骤：（切割法）

① 在视图上确定坐标原点，如图 2-3-26（a）所示。

② 画轴测轴，作出长方体的轴测投影，如图 2-3-26（b）所示。

③ 依次进行切割，如图 2-3-26（c）、（d）所示。

④ 清理、检查、加深，最后结果如图 2-3-26（e）所示。

（3）叠加法。画叠加体的轴测图，可先将物体分解成若干个简单的形体，然后按其相对位置逐个地画出各简单形体的轴测图，进而完成整体的轴测图，这种方法称为叠加法。

【例 17】 已知物体的三视图如图 2-3-27（a）所示，求作正等轴测图。

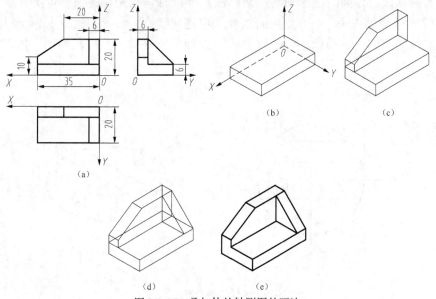

图 2-3-27　叠加体的轴测图的画法

作图步骤：（叠加法）

① 形状分析，此叠加体可分为底板、立板和侧板 3 部分。

② 确定坐标系，在投影图上确定原点，如图 2-3-27（a）所示。

③ 画出轴测轴，以轴测轴为基准先画出底板的轴测图，如图 2-3-27（b）所示。

④ 然后在底板上定出立板，接着作出侧板的轴测图，如图 2-3-27（c）、（d）所示。

⑤ 判断哪些是共面及不可见的线，清理，检查，加深完成轴测图，如图 2-3-27（e）所示。

6. 圆的正等轴测图画法

（1）圆的正等测。平行于坐标面的圆的正等测图都是椭圆。如图 2-3-28 所示，正立方体上 3 个不同坐标面上圆的正等测图都是椭圆。

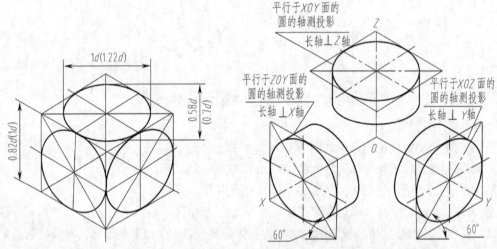

图 2-3-28　坐标面及其平行面上圆的正等轴测图

（2）椭圆画法。作圆的正等轴测用坐标法画椭圆时，应先在圆周上定出若干点，然后把这些点移到轴测轴中去，把各点用曲线板顺序连成椭圆，如图 2-3-29 所示。但这种画法较繁琐，通常采用四心近似画法。如画平行于 H 面的水平圆的正等轴测图，其作图步骤见表 2-3-3。

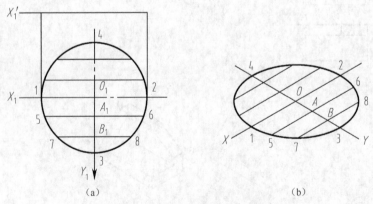

图 2-3-29　坐标法画圆的正等轴测图

表 2-3-3		四心法画平行于 *H* 面的圆正等测图	
	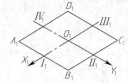	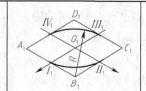	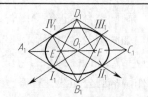
（a）确定坐标轴并作圆外切正方形 *abcd*	（b）作轴测轴 X_1、Y_1，并在 X_1、Y_1 上截取 $O_1I_1=O_1III_1$ $=O_1II_1=O_1IV_1=D/2$，得切点 I_1、II_1、III_1、IV_1，过这些点分别作 X_1、Y_1 的平行线，得辅助菱形 *A*、*B*、*C*、*D*	（c）分别以 B_1、D_1 为圆心，B_1III_1 为半径作弧 $\widehat{III_1\,IV_1}$ 和 $\widehat{I_1\,II_1}$	（d）连接 B_1IV_1 和 B_1III_1 交 A_1C_1 于 *E*、*F*，分别以 *E*、*F* 为圆心，$E\,IV_1$ 为半径作弧 $\widehat{I_1\,IV_1}$ 和 $\widehat{II_1\,III_1}$。即得由四段圆弧组成的近似椭圆。

7. 圆柱的正等轴测图画法

画圆柱的正等测图，应先作上、下底面的椭圆，然后再作两椭圆的公切线。表 2-3-4 为轴线垂直于水平面的圆柱的正等测图的作图步骤。

表 2-3-4		作圆柱正等测图的步骤	
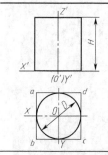	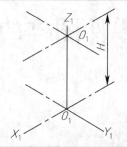	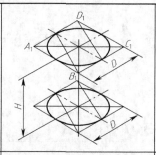	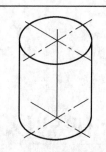
（a）确定坐标轴，在投影为圆的视图上作圆的外切正方形	（b）作轴测轴 X_1、Y_1、Z_1，在 Z_1 轴上截取圆柱高度 *H*，并作 X_1、Y_1 的平行线	（c）作圆柱上、下底圆的轴测投影的椭圆	（d）作两椭圆的公切线，对可见轮廓线进行加深（虚线省略不画）

8. 圆角（1/4 圆柱面）的正等测图画法

圆角的正等测图画法见表 2-3-5。

表 2-3-5		圆角的正等测图的画法	
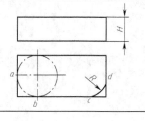	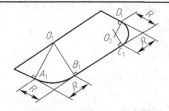	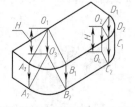	
（a）在视图上定出圆弧切点 *a*、*b*、*c*、*d* 及圆弧半径 *R*	（b）先画长方形的正等测。在对应角的两边上分别截取 *R*，得 A_1、B_1 及 C_1、D_1，过这 4 点分别作该边垂线交于 O_1、O_2，分别以 O_1、O_2 为圆心，O_1A_1、O_2D_1 为半径画弧 $\widehat{A_1B_1}$、$\widehat{C_1D_1}$	（c）按板的高度 *H* 移动圆心和切点，画圆弧 $\widehat{A_2B_2}$、$\widehat{C_2D_2}$，作 $\widehat{C_1D_1}$ 和 $\widehat{C_2D_2}$ 公切线及其他轮廓线	

9. 圆锥台正等测图的画法

画圆锥台的正等测图时，先作出两底面的椭圆，然后作两椭圆的公切线。

如画图 2-3-30 所示圆锥台轴线垂直于 W 面，圆锥台两底圆平行于 OYZ 的坐标面。定出 $O_1O_2=H$，用直径 D_1、D_2 在 $O_1X_1Z_1$ 与 $O_2X_2Z_2$ 轴测坐标面上作椭圆，如图 2-3-30（b）所示。然后作两椭圆公切线，省略虚线，即得所求，如图 2-3-30（c）所示。

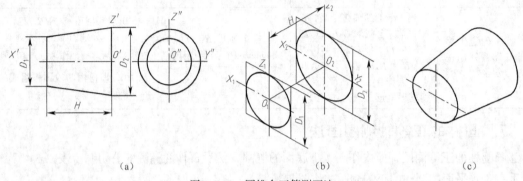

（a） （b） （c）

图 2-3-30 圆锥台正等测画法

任务4 左泵盖零件图样的识读

任务引入与分析

读懂齿轮油泵左端盖的零件图，想象出零件的空间结构形状，了解其生产、加工、检验要求等。

正确分析左泵盖零件图样中视图的组成，理解形体分析法绘制与识读组合体视图、分析组合体尺寸的思维方法，运用读剖视图的思维基础形成左泵盖零件空间结构的想象。

联系各个视图表达与零件结构的对应关系，运用柱体结构的想象方法想象左泵盖零件较大部分结构——底板，运用回转体的想象方法想象其中的回转体结构，建立整体外部结构与其他各个结构及内部结构的综合想象能力，较熟练地分析各结构定形尺寸、定位尺寸、总体尺寸及尺寸基准，并能进一步理解图样上表面结构、尺寸公差等的技术要求。

相关知识

一、零件的组合形式和表面间的相互位置

1. 组合形式（Combination form of geometric combination）

零件的组合形式有以下 3 种。

（1）叠加型组合体（Geometric combination of piling up）：由若干基本体按一定的相对位置

经过叠加而形成的，如同积木的堆积，如图 2-4-1（a）所示。

（2）切割型组合体（Geometric combination of cutting）：由一个基本体经过多次切割而形成的，挖切方式包括切割、穿孔、切槽等，如图 2-4-1（b）所示。

（3）综合型组合体：是上面两种基本形式的综合，如图 2-4-1（c）所示。

(a) 叠加型　　　　　(b) 切割型　　　　　(c) 综合型

图 2-4-1　组合体的组合形式

2. 相互位置特点（Place characteristics of kinds of individual part）

盘盖类零件的结构一般较简单，由 2～3 个基本体或基本体的切割体组成，通常是由一圆形或方形板和一到两个旋转体组合而成。无论以何种方式构成，各基本体之间有一定的相对位置关系，它们的表面也存在着一定的连接关系。其连接形式可归纳为不平齐、平齐、相切和相交 4 种情况。

（1）不平齐和平齐。当两基本体表面平齐时，结合处不画分界线。当两基本体表面不平齐时，结合处应画出分界线。

如图 2-4-2（a）所示组合体，上、下两表面平齐，在主视图上不应画分界线。

如图 2-4-2（b）所示组合体，上、下两表面不平齐，在主视图上应画出分界线。

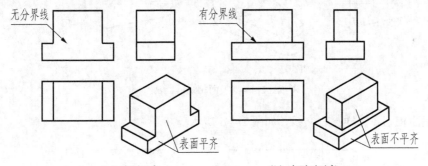

（a）表面平齐　　　　　　　（b）表面不平齐

图 2-4-2　表面平齐和不平齐的画法

平齐与不平齐的更多实例如图 2-4-3 所示。

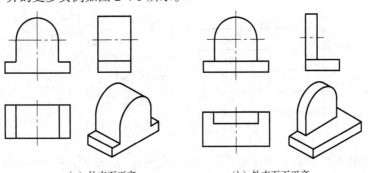

（a）外表面平齐　　　　　　　（b）外表面不平齐

图 2-4-3　平齐与不平齐举例

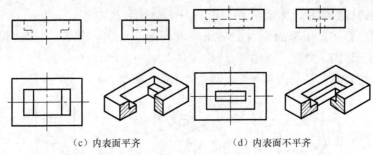

（c）内表面平齐　　　　　　　　（d）内表面不平齐

图 2-4-3　平齐与不平齐举例（续）

（2）相切。当两基本体表面相切时，在相切处不画分界线。

如图 2-4-4（a）所示组合体，它是由底板和圆柱体组成，底板的侧面与圆柱面相切，在相切处形成光滑的过渡，因此主视图和左视图中相切处不应画线，此时应注意两个切点 A、B 的正面投影 a'、(b') 和侧面投影 a''、b'' 的位置。图 2-4-4（b）是常见的错误画法。

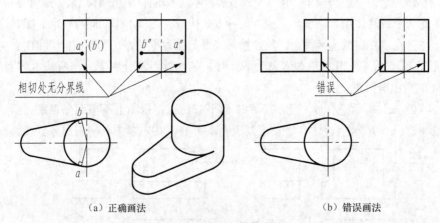

（a）正确画法　　　　　　　　　　（b）错误画法

图 2-4-4　表面相切的画法

两内表面相切，同样没有交线，如图 2-4-5 所示。

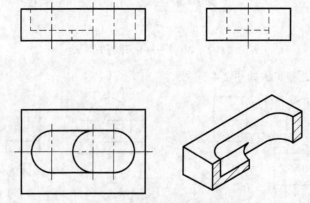

图 2-4-5　内表面相切的画法

当两个曲面相切时，则要看两曲面的公切面是否垂直于投影面。如果公切面与投影面垂直，则在该投影面上相切处画线，否则不画线，如图 2-4-6 所示。

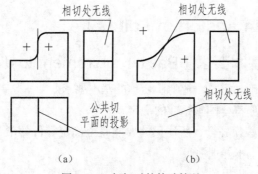

图 2-4-6 相切时的特殊情况

（3）相交。当两基本体表面相交时，在相交处应画出分界线。

如图 2-4-7（a）所示组合体，它也是由底板和圆柱体组成，但本例中底板的侧面与圆柱面是相交关系，故在主、左视图中相交处应画出交线。图 2-4-7（b）是常见的错误画法。

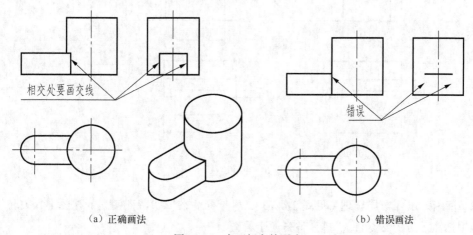

图 2-4-7 表面相交的画法

图 2-4-8 是常见的画图错误，主视图上的错误原因是没有认识到立体是一个实体，即由各种材料制造成的立体，板和柱面的结合部分柱面已经消失，所以不存在转向轮廓线。左视图上的错误原因是没有考虑宽相等，不作形体分析。

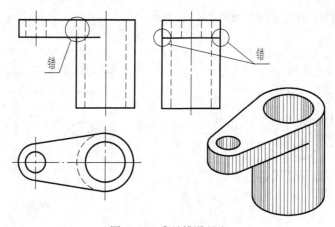

图 2-4-8 常见错误画法

二、尺寸标注（Dimension of solids）

1. 尺寸标注的基本要求（Basic requirement to dimension of solids）

尺寸标注必须满足正确、完整、清晰、合理的基本要求。

（1）正确。尺寸标注要符合国家标准的规定。

（2）完整。尺寸标注必须齐全，所注尺寸要能完全确定零件的形状和大小，不能有多余或重复尺寸（见图 2-4-9），也不能遗漏尺寸。

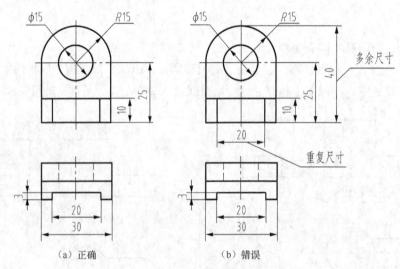

（a）正确　　　　　　　　（b）错误

图 2-4-9　尺寸标注要完整

（3）清晰。尺寸布局合理（见图 2-4-10），尽量标注在形状特征明显的视图上，关联尺寸应尽量集中标注（见图 2-4-11），排列整齐便于看图。

（4）合理。尺寸标注要符合加工和测量的要求（见图 2-4-12）。

2. 基本几何体的尺寸标注（Basic solid dimension）

标注基本体的尺寸，一般要注出它的长、宽、高 3 个方向的尺寸。对于回转体来说，通常只要注出径向尺寸和轴向尺寸。

常见的基本回转体的尺寸标注如图 2-4-13 所示。

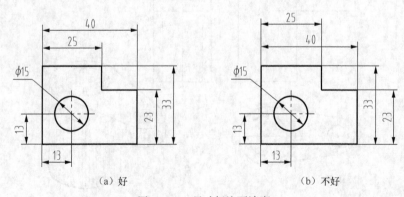

（a）好　　　　　　　　　（b）不好

图 2-4-10　尺寸标注要清晰

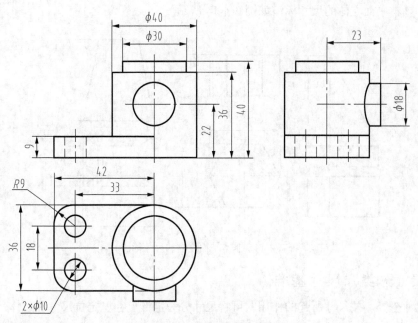

图 2-4-11 尺寸的集中标注

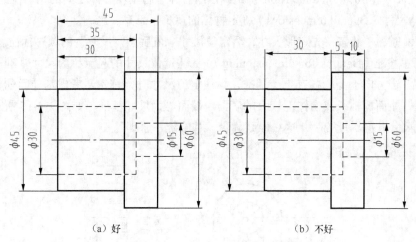

（a）好   （b）不好

图 2-4-12 尺寸标注要符合加工和测量的要求

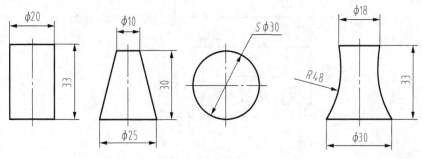

图 2-4-13 基本曲面立体的尺寸标注

常见的基本平面立体的尺寸标注如图 2-4-14 所示。

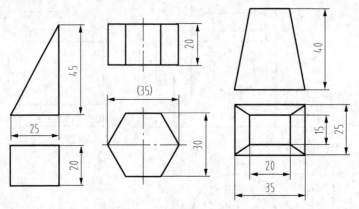

图 2-4-14　基本平面立体的尺寸标注

3. 尺寸分类和尺寸基准

（1）尺寸分类。按尺寸所起的作用，可将尺寸分为定形尺寸、定位尺寸和总体尺寸 3 类。

① 定形尺寸（Size dimensions）是确定组合体中各基本形体大小的尺寸。

② 定位尺寸（Location dimensions）是确定组合体中各基本形体之间的相对位置的尺寸。

③ 总体尺寸（Overall dimensions）确定物体的总长、总宽、总高。

标注尺寸时，一般按"先定形尺寸，后定位尺寸，最后总体尺寸"的顺序标注。

（2）尺寸基准（Datums for dimensioning）。标注定位尺寸的起点称为尺寸基准。在组合体长、宽、高 3 个方向上至少各有 1 个基准，标注定位尺寸时，首先要考虑基准问题，通常以对称平面、回转曲面的轴线或物体上较大的底面、端面等为尺寸基准，如图 2-4-15 所示。同一方向上的定位尺寸基准尽量统一，这一原则称为"基准统一原则"。

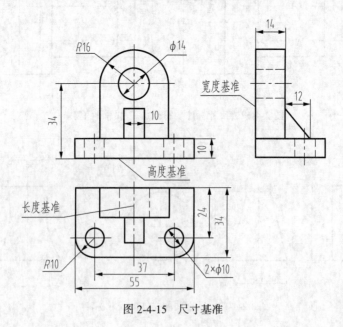

图 2-4-15　尺寸基准

4. 切割体和相交体的尺寸标注

在标注切割体尺寸时，除应注出定形尺寸外，还应注出确定截平面位置的尺寸。如图 2-4-16 所示。由于截平面在形体上的相对位置确定后，截交线即被唯一确定，因此对截交线不应再注尺寸，如图 2-4-17 所示。

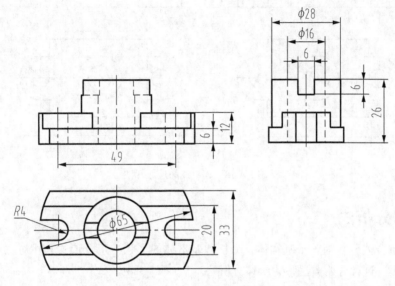

图 2-4-16　截交线的尺寸标注

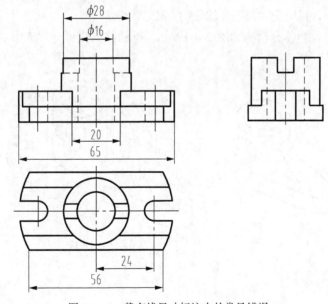

图 2-4-17　截交线尺寸标注中的常见错误

与切割体的尺寸注法一样，相交体除了应注出两相交体的定形尺寸外，还应注出确定两相交基本体的相对位置的定位尺寸。当定形和定位尺寸注全后，两相交体的交线（相贯线）即被唯一确定，因此对相贯线也不需再注尺寸，如图 2-4-18 所示。

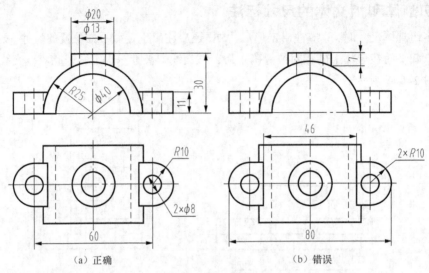

（a）正确　　　　　　　　　　　　（b）错误

图 2-4-18　相贯线的尺寸标注

三、形体分析法

假想将组合体分解为若干基本体，分析各基本体的形状、组合形式和相对位置，弄清组合体的形体特征，这种分析方法称为形体分析法。

盘盖类零件从整体结构上把握，通常是由一个圆形或方形板和一到两个旋转体或其他形体叠加而成，属于叠加类组合体。

下面以支座为例，说明叠加类零件的绘制方法。

根据组合形式以及形体分析，如图 2-4-19（a）所示的支座可分解成图 2-4-19（b）所示的 4 个部分。

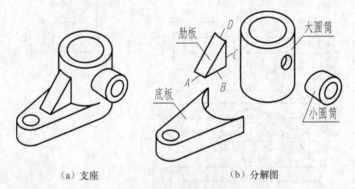

（a）支座　　　　　　　　　（b）分解图

图 2-4-19　形体分析

1. 形体分析

画图前，首先应对组合体进行形体分析，分析该组合体是由哪些基本体所组成的，了解它们之间的相对位置、组合形式以及表面间的连接关系及其分界线的特点。

图 2-4-19 中的支座由大圆筒、小圆筒、底板和肋板组成，从图中可以看出大圆筒与底板接合，底板的底面与大圆筒底面共面，底板的侧面与大圆筒的外圆柱面相切；肋板叠加在底

板的上表面上，右侧与大圆筒相交，其表面交线为 A、B、C、D，其中 D 为肋板斜面与圆柱面相交而产生的椭圆弧；大圆筒与小圆筒的轴线正交，两圆筒相贯连成一体，因此两者的内外圆柱面相交处都有相贯线。通过对支座进行这样的分析，弄清它的形体特征，对于画图有很大帮助。

在具体画图时，可以按各个部分的相对位置，逐个画出它们的投影以及它们之间的表面连接关系，综合起来即得到整个组合体的视图。

2. 选择主视图

表达组合体形状的一组视图中，主视图是最主要的视图。在画三视图时，主视图的投影方向确定以后，其他视图的投影方向也就被确定了。因此，主视图的选择是绘图中的一个重要环节。主视图的选择一般根据形体特征原则来考虑，即以最能反映组合体形体特征的那个视图作为主视图，同时兼顾其他两个视图表达的清晰性。选择时还应考虑物体的安放位置，尽量使其主要平面和轴线与投影面平行或垂直，以便使投影能得到实形。

如图 2-4-20 所示的支座，比较箭头所指的各个投影方向，选择 A 向投影为主视图较为合理。

3. 确定比例和图幅

视图确定后，要根据物体的复杂程度和尺寸大小，按照标准的规定选择适当的比例与图幅。选择的图幅要留有足够的空间以便于标注尺寸和画标题栏等。

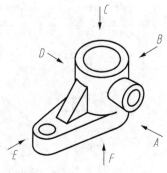

图 2-4-20　选择视图

4. 布置视图位置

布置视图时，应根据已确定的各视图每个方向的最大尺寸，并考虑到尺寸标注和标题栏等所需的空间，匀称地将各视图布置在图幅上。

5. 绘制底稿

支座的绘图步骤如图 2-4-21 所示。

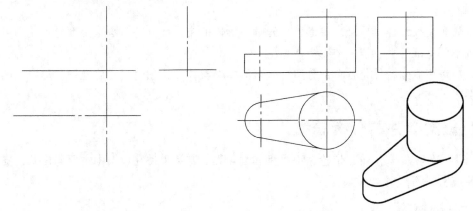

（a）布置视图，画主要基准线　　　　　（b）画底板和大圆筒外圆柱面

图 2-4-21　支座三视图的作图步骤

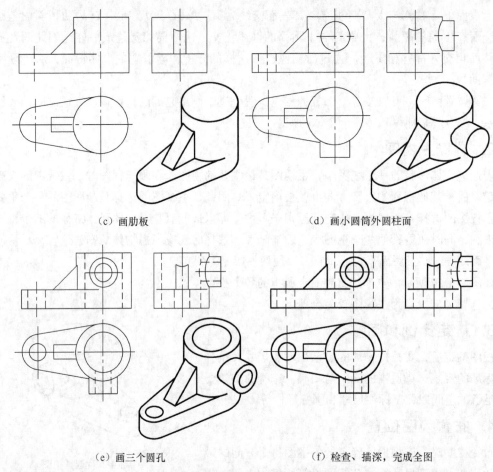

（c）画肋板　　　　　　　　　　　（d）画小圆筒外圆柱面

（e）画三个圆孔　　　　　　　　　　（f）检查、描深，完成全图

图 2-4-21　支座三视图的作图步骤（续）

绘图时注意以下几点。

（1）为保证三视图之间相互对正，提高画图速度，减少差错，应尽可能把同一形体的三面投影联系起来作图，并依次完成各组成部分的三面投影。不要孤立地先完成一个视图，再画另一个视图。

（2）先画主要形体，后画次要形体；先画各形体的主要部分，后画次要部分；先画可见部分，后画不可见部分。

（3）应考虑到组合体是各个部分组合起来的一个整体，作图时要正确处理各形体之间的表面连接关系。

四、盘盖类零件的分析总结

盘盖类零件主要有齿轮、带轮、法兰盘和端盖等。这类零件在机器中主要起传动、支承、轴向定位或密封等作用。

1. 结构特点

盘盖类零件的基本结构为扁平状的盘状体，其厚度方向尺寸比其他方向尺寸小得多。为了装配，设有光孔、键槽、螺孔、轮辐、凸台、凹坑等结构。

2. 表达方法

盘盖类零件常用如下表达方案。

（1）车削加工的盘盖，其轴线按水平放置；非车削加工的盘盖，可按工作位置放置。

（2）盘盖类零件，一般采用两个基本视图来表达。主视图常采用全剖视（由单一剖切面或几个相交的剖切面剖切获得）以表达孔槽等结构，另一视图多用来表示外形轮廓和各组成部分如孔、轮辐等的结构形状和相对位置。

（3）零件上的细小结构通常采用局部放大图、局部剖视图和简化画法来进行表达。

3. 尺寸标注

盘盖类零件尺寸分为径向尺寸和轴向尺寸两种。由于零件的主体为共轴的回转体，因此公共轴线应作为径向的尺寸基准；轴向尺寸以重要的端面或接触面为尺寸基准。

4. 技术要求

盘盖类零件上有配合要求的表面、轴向装配定位的端面，其表面粗糙度和尺寸精度要求较严，端面与轴心线之间常有垂直度或端面圆跳动等要求。

任务实施

1. 获取零件基本信息

由图 2-3-1 的标题栏可知，该零件是齿轮油泵厂生产的左泵盖，选用的材料为 HT15-33，绘制该图形所用的比例为 1：1。

2. 想象零件结构形状及读出零件的尺寸

零件的结构形状及大小，是通过 1 组图形及图形上标注的尺寸来表达的。在该零件图中有两个视图：1 个是全剖的主视图，1 个是左视图。

（1）根据视图想象零件的外形结构。

从左视图的外围轮廓图形与主视图中的对应线段可知，零件的这部分结构为非圆形柱体底板。采用抓住其特征图形向左、右拉伸的方法可以形成底板的空间柱体结构形状。

又从左视图的双拱形封闭图形与主视图中的对应线段可知，零件的这部分结构不是纯粹的旋转体，而是曲面柱体。采用抓住其特征图形向左、右拉伸的方法可以形成其空间结构形状。

然后根据两个结构的特征图形在左视图中的位置关系——前后、上下对称，判断两部分柱体的相对位置为具有公共的前后、上下对称面；根据两个结构的特征图形在主视图中对应线段的位置关系，可以判断底板结构在右边，另一部分在底板的正左边。因图形关系已将两部分柱体结构的相对位置关系表达清楚，因此两部分柱体结构之间不需要定位尺寸。底板的尺寸为 $R40$、42 ± 0.02、10 等，另一部分结构的尺寸为 $R18$、42 ± 0.02、24 等。

最后综合起来想象出该零件的整体外形结构。

（2）根据剖视图想象零件的内部结构。通过分析全剖的主视图上画有剖面线的线框与空白线框及它们在左视图上的对应图形，确定零件上的内部结构和分布位置。我们得知，在零件的底板上有 6 个均匀分布的沉孔结构。沉孔结构的定形尺寸为 $\phi12$、$\phi7$ 和 $\phi6$，定位尺寸为 $R32$

和 42。在零件上还有两个不通的轴孔，孔的轴线在零件的前后对称面上，两孔的定形尺寸为 $\phi18$ 和 16，定位尺寸为两孔孔心距 42。

把内、外形状结合起来考虑，得到泵盖的整体形状，如图 2-4-22 所示。

图 2-4-22 左泵盖立体图

3. 读取零件的技术要求

（1）读取尺寸公差。例如左泵盖上 $\phi18H8$ 轴孔有尺寸公差的要求。该两孔尺寸公差的基本偏差为 H，公差等级要达到 8 级精度，查表可知，其上、下偏差分别为+0.027 mm 和 0，限定了该轴孔的实际直径大小必须控制在 $\phi18\sim\phi18.027$ mm 之间。

（2）读取表面结构代号。表面要求最高的数值为 1.6μm，说明了 $\phi4$ mm 孔的内表面的粗糙度 Ra 值为 1.6μm。其他表面的粗糙度以及技术要求在这里省略。

任务1　拨叉零件图样的绘制

任务引入与分析

本任务要求绘制一张拨叉零件图，如图 3-1-1 所示。具体要求如下。

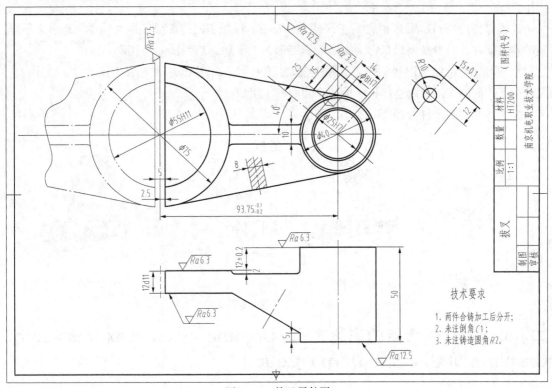

图 3-1-1　拨叉零件图

（1）补全俯视图，采用的表达方式：全剖视图。

（2）补全斜视图。

（3）将主视图采用合适的表达方式修改。

（4）调整尺寸到合适的位置上。

（5）根据修改后的零件图，重新绘制一张。

正确分析拨叉零件图样中视图的组成：主视图、俯视图、斜视图、主视图上的局部剖视图，以及主、俯视图上的重合断面图等。采用了两个基本视图表达拨叉的整体结构，内部结构使用剖视图表达，加强肋的断面形状使用断面图来表达，使用斜视图表达零件上的倾斜结构。

在绘制中，选择合适、便捷的绘图方式，建立清晰的绘图思路，绘制出标准的、清晰的零件图样。

相关知识

一、叉架类零件的结构分析（Structural analysis of the parts of the fork-frame group）

叉架类零件包括各种用途的拨叉和支架，在机器或设备中主要起操纵、连接或支承作用。

叉是操纵件，主要用在机床、内燃机等机器上的操纵机构上，操纵其他零件变位、调节速度等，其运动就像晾晒衣服时用衣叉操纵衣架的移动一样；架是支承件，主要起支承和连接的作用。

这类零件由铸造、锻造制成毛坯，经过必要的机械加工制造而成。也就是说毛坯多为不规则的铸、锻件，杆身断面形状常为矩形、椭圆形、工字形、T字形或十字形。

叉架类零件的结构形状多样化，差别较大，但主体的结构都是由支承部分、安装部分和连接部分（不同断面形状的连接板、肋板和实心杆）组成。

常见的叉架类零件如图 3-1-2 所示。

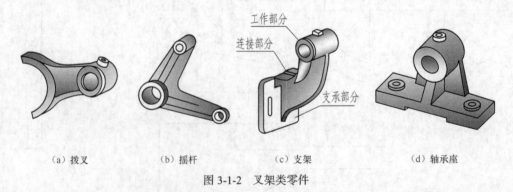

（a）拨叉　　　　　（b）摇杆　　　　　（c）支架　　　　　（d）轴承座

图 3-1-2　叉架类零件

二、叉架类零件常用的表达方式（Commonly used expression of the parts of the fork-frame group）

叉架类零件的结构形状多样，在表达时，三视图、单一的剖切、断面图等基本表达零件的方法已不能满足表达零件的需要。为此，很有必要进一步学习制图标准中关于零件的表达方法。

1. 基本视图（Principal view）

用六面体的 6 个面作为基本投影，将机件放置于六面体内，采用正投影法分别向 6 个基本投影面投影，即得 6 个基本视图。其展开方法如图 3-1-3 所示。

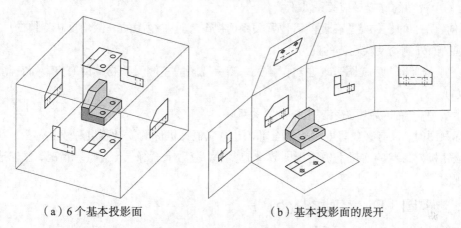

（a）6 个基本投影面　　　　　　　（b）基本投影面的展开

图 3-1-3　6 个基本视图的形成

6 个基本视图的名称以及投影方向规定如下。

主视图——由前向后投影所得的视图；

俯视图——由上向下投影所得的视图；

左视图——由左向右投影所得的视图；

右视图——由右向左投影所得的视图；

仰视图——由下向上投影所得的视图；

后视图——由后向前投影所得的视图。

6 个基本投影面展开后，即正面不动，将其余投影面展开与正面共面，展开后 6 个基本视图的位置关系如图 3-1-4 所示。

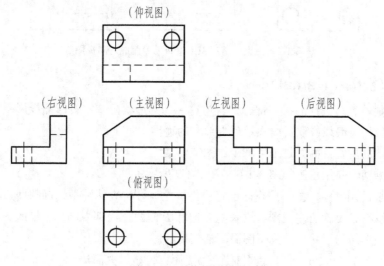

（仰视图）

（右视图）　　　　（主视图）　　　　（左视图）　　　　（后视图）

（俯视图）

图 3-1-4　基本视图的配置

绘制基本视图时，需要注意以下几点。

（1）在同一张纸内，按投影关系配置基本视图时，一律不注视图的名称。

（2）6个基本视图仍符合"长对正、高平齐、宽相等"的投影关系。主、俯、仰、后视图长对正；主、左、右、后视图高平齐；俯、左、仰、右视图宽相等。

（3）6个视图的方位对应关系如下。

① 俯、左、仰、右视图表现前后位置关系（视图靠近主视图的一侧均反映物体的后方，而远离主视图的外侧均反映物体的前方）。

② 主、俯、仰、后视图表现左右位置关系（后视图的左侧反映物体的右方，而右侧反映物体的左方）。

③ 主、左、右、后视图表现上下位置关系。

实际画图时，没有必要将6个视图全部画出，应根据机件的复杂程度和表达需要，在清晰、完整地表达机件形状的前提下确定视图数量的多少，应力求简练，若无特殊情况，优先选择主、俯、左视图。

2. 向视图（Directional view）

向视图是可以自由配置的视图。

如果视图不能按照基本视图配置，可采用向视图自由地配置在图幅中。

此时，应在视图的上方用"X"（大写拉丁字母）标注该向视图的名称，在相应的视图附近用箭头指明投射方向，并注上相同的字母。

由图3-1-4的基本视图重新配置而成的向视图，如图3-1-5所示。

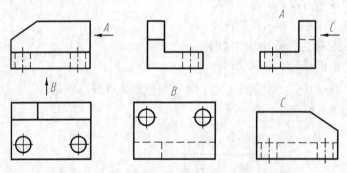

图3-1-5　由上面基本视图重新配置而成的向视图

3. 局部视图（Partial view）

为了能清楚地表达机件的某一部分，可将这一局部形状向基本投影面投影，所得视图称为局部视图。一般用波浪线或双折线表示断裂部分的边界。

画局部视图的主要目的，是为了减少作图工作量。

局部视图的两个应用示例如图3-1-6和图3-1-7所示。

在图3-1-6的图形中，主、俯视图已将机件的主体结构表达清楚，尚缺两边的凸缘结构需要表达，但又没有必要画出左视图，故采用A向和B向两个局部视图，这样既突出了表达的重点，又不重复主体结构形状，达到了图面简洁的目的。

而对于图3-1-7，图（b）的表达相对图（a）而言，显得更简洁。

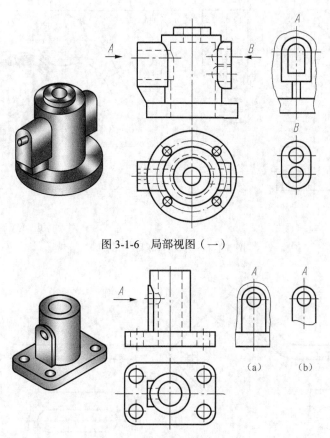

图 3-1-6　局部视图（一）

图 3-1-7　局部视图（二）

局部视图的画法以及标注规定如下。

（1）一般应在局部视图上方标上视图的名称，在相应的视图附近用箭头指明投影方向，并注上同样的字母。当局部视图按照投影关系配置，中间又无其他图形隔开时，可省略各标注。

（2）局部视图的断裂边界以波浪线表示，当所表示的局部结构是完整的，其外部轮廓线又封闭时，波浪线可省略不画，如图 3-1-6 中的 *B*。

（3）局部视图可以按照向视图的形式配置并标注。

（4）局部视图也可以按照基本视图的位置配置，并可省略标注。

（5）对于对称图形，在不引起误会的情况下，对称机件的视图可以只画 1/2 或 1/4。但是必须在对称中心线的两端画出两条与其垂直的平行细实线。

4.　斜视图（Oblique view）

图 3-1-8 所示的机件，具有倾斜部分，在基本视图中不能反映该部件的实形。

这时可选用一个新的投影面，使它与机件上倾斜部分的主要表面平行，然后将倾斜部分向该投影面投影，就可以得到反映该部分实形的视图，如图 3-1-8（b）所示。

这种将机件向不平行于任何基本投影面的平面投影所得到的视图称为斜视图。斜视图主要用来表达机件上倾斜部分的实形。图 3-1-9 为斜视图的一个应用例子。

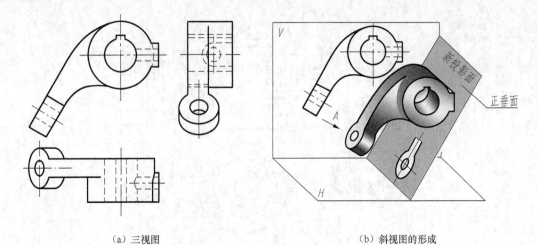

（a）三视图　　　　　　　　　　　（b）斜视图的形成

图 3-1-8　三视图和斜视图的形成

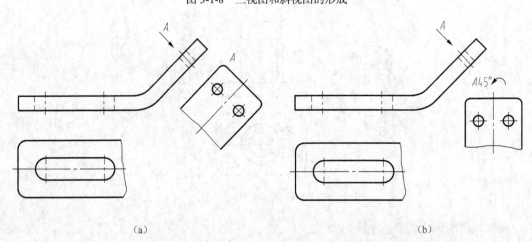

（a）　　　　　　　　　　　　　　　　（b）

图 3-1-9　斜视图

斜视图的画法以及标注规定如下。

（1）斜视图一般只表达倾斜部分的局部形状，其余部分不必全部画出，可用波浪线断开。

当倾斜结构自成封闭图形时，不必画出波浪线。

（2）斜视图通常按向视图的配置形式配置并标注，在不至于引起误会的情况下，也允许将斜视图旋转配置。旋转符号的箭头表示旋转方向，表示该视图名称的大写拉丁字母应靠近符号的箭头端。

5. 剖视图（Sections）

（1）概念与画法（Concepts and drawing methods）。

用视图表达零件时，对于零件上看不见的内部形状（如孔、槽等）用虚线表示。如果零件的内外形状比较复杂，则图上就会出现许多的虚线（见图 3-1-10），且交叉重叠，这样既不便于看图，也不便于画图和标注尺寸。

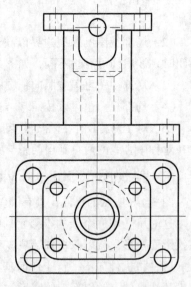

图 3-1-10　机件的主、俯视图

为了能够清楚地表达零件的形状，在机械制图中常采用剖视的方法。

① 剖视图的形成（Formation of sections）。假想用一剖切面将机件剖开，移去剖切面和观察者之间的部分，将其余部分向投影面投射，并在剖面区域内画上剖面符号，如图 3-1-11 所示。

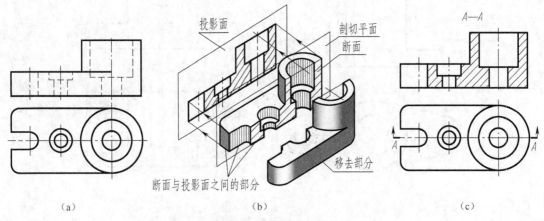

图 3-1-11　剖视图的形成

② 剖视图的画法（Drawing methods of sections）。

剖：假想用剖切面剖开物体。

移：将处于观察者与剖切面之间的部分形体移去。

视：将其余部分形体向投影面投射，剖面区域（剖切面与物体接触的部分）画出剖面符号。

③ 剖视图的标注及配置（The labeling and arrangement of sections）。

剖切图名称："×－×"（拉丁字母或阿拉伯数字）。

剖切线：表示剖切位置的粗实线，线宽（$1\sim1.5$）b，线长 $5\sim10$ mm，尽量不与图形轮廓线相交。

投射方向：箭头或粗短画线，画在剖切线外端。

剖切面名称：字母"×"注在剖切符号外侧。

④ 省略标注的情况（The situation of omit label）。

a. 当单一剖切平面通过物体的对称平面或基本对称平面，且剖视图按基本视图关系配置时，可以不加标注，如图 3-1-12（a）所示。

b. 当剖视图按基本视图关系配置时，可省略箭头，如图 3-1-12（b）所示。

⑤ 画剖视图的注意事项（Special remarks about drawing sections）。

a. 剖切平面的选择：确保有效地消除虚线。一般通过机件的对称面或轴线且平行或垂直于投影面。

b. 剖切是一种假想，其他视图应保持完整画出，并可取剖视。

c. 剖切面后方的可见部分要全部画出，尤其注意孔后线，如图 3-1-13 所示。

d. 原则上剖视图中不画虚线，但没有表达清楚的结构，允许画少量虚线。在剖视图上已表达清楚的结构，在其他视图上此部分结构的投影为虚线时，其虚线省略不画。

e. 剖视图中，剖面区域一般应画出剖面符号，以区分物体上被剖切到的实体部分和未剖切到的空心部分。

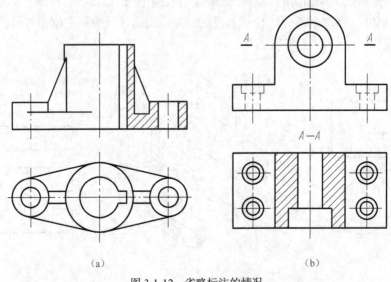

（a）　　　　　　　　　　　　　　　（b）

图 3-1-12　省略标注的情况

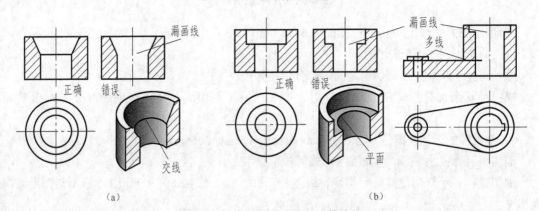

图 3-1-13　剖视图画法的正、误对比

f. 不需要在剖面区域中表示材料的类别时，可采用通用剖面线表示。通用剖面线与主要轮廓线或剖面区域的对称线成 45° 角，当剖面线与图形的主要轮廓线或剖面区域的对称线平行时，该图形的剖面线应画成 30° 或 60°，其倾斜方向仍应与其他图形的剖面线方向一致，同一物体各剖面区域中的剖面线方向和间隔应一致，如图 3-1-14 所示。

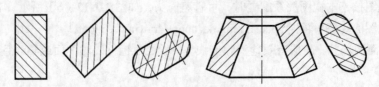

图 3-1-14　剖面线的画法

（2）剖视图的分类（Classification of sections）。要想用适量的图形将物体形状完整而又清晰地表达出来，可根据物体形状的特点，选用全剖视图、半剖视图和局部剖视图。

① 全剖视图（Full sections）。全剖视图是用剖切面完全地剖开物体所得的剖视图。适用于

表达内形比较复杂，外形比较简单，而图形又不对称时；或外形已在其他视图上表达清楚的零件，如图 3-1-15 所示。

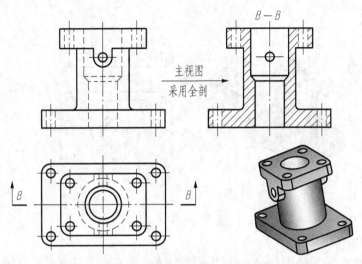

图 3-1-15　全剖视图表达形体结构

② 半剖视图（Half sections）。采用全剖视图来表达图 3-1-15 的形体，就会出现一个问题：如果采用全剖，就不能表达此机件的外形，即前面的耳板没表达清楚。

解决办法：半剖视图。

a. 概念及画法。当机件具有对称平面时，向垂直于对称平面的投影面上投射所得的图形，允许以对称中心线为界，一半画成剖视图，另一半画成视图，这样获得的剖视图称为半剖视图。半剖视图主要用于内外形状都需要表达、结构对称的机件。

在图 3-1-16 中，该机件是左右对称的，可以以对称中心线为分界线，一半按视图绘制，表达机件的外部结构，另一半按剖视图绘制，表达机件的内部结构，这样就得到了半剖视的主视图。

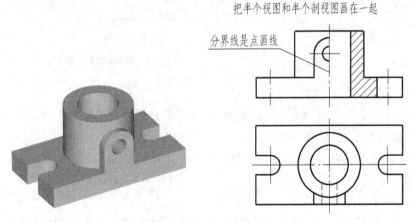

图 3-1-16　半剖视图（一）

而在图 3-1-17 中，由于该机件前后也具有对称面，故在俯视图中也采用了半剖视图，用半个视图反映出顶部的外形，又用半个剖视图表达了原来被顶部遮盖的圆筒及凸台的内部结构形状。

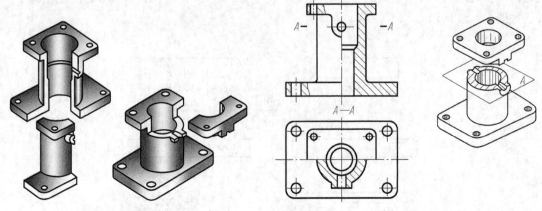

图 3-1-17　半剖视图（二）

因此，半剖视图=1/2 视图+1/2 全剖视图+对称线。

b. 省略标注的情况。

• 当单一剖切平面通过物体的对称平面或基本对称平面，且剖视图按基本视图关系配置时，可以不加标注，如图 3-1-18 所示。

• 当剖视图按基本视图关系配置时，可省略箭头，如图 3-1-19 所示。

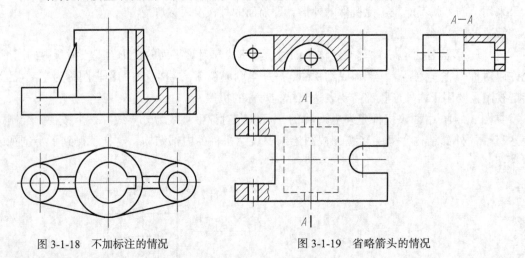

图 3-1-18　不加标注的情况　　　　　　　　图 3-1-19　省略箭头的情况

c. 半剖视图适合的两种情况。

• 在与机件的对称平面相垂直的投影图上，如果机件的内外形状都需要表达，则可以以图形的对称中心线为界线画成半剖视图。

• 当机件的结构接近于对称，而且不对称的部分另有图形表达清楚时，也可画成半剖视图，如图 3-1-20 所示。

d. 画半剖视图时的注意事项。

• 由于半剖视图的图形对称，所以表示外形的视图中的细虚线不必画出，但孔、槽应画出中心线。

• 半个视图与半个剖视图必须以细点画线为界。

• 如果机件的内外形轮廓线与图形的对称线重合，则避免使用半剖视图，而宜采用局部剖视图，如图 3-1-21 所示。

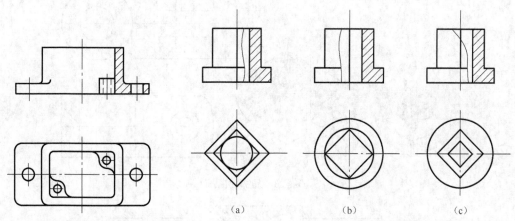

图 3-1-20　用半剖视图表示基本对称的形体　　　　图 3-1-21　不适宜使用半剖视图的情况

- 在半剖视图中，标注机件的对称结构尺寸时，其尺寸线应略超过对称中心线，并只在尺寸线的一端画箭头，如图 3-1-22 所示。

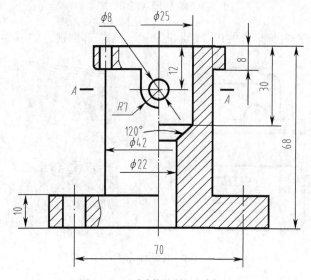

图 3-1-22　半剖视图的尺寸标注

③ 局部剖视图（Broken sections）。

a. 概念。用剖切面局部地剖开机件所获得的剖视图，称为局部剖视图，如图 3-1-23 所示。

局部剖视图不受图形是否对称的限制，在何部位剖切、剖切面有多大，均可根据实际机件的结构选择，是一种比较灵活的表达方法，运用得当可使图形简明清晰。

b. 适用范围。局部剖是一种较灵活的表示方法，适用范围较广。

- 实心轴中的孔槽结构，宜采用局部剖视图，以避免在不需要剖切的实心部分画过多的剖面线，如图 3-1-24 所示。

- 表达机件底板、凸缘上的小孔等结构，如图 3-1-22 所示。

- 虽有对称面，但轮廓线与对称中心线重合，不宜采用半剖视图时，可采用局部剖，如图 3-1-21 所示。

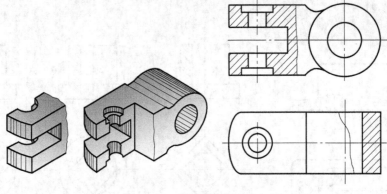

图 3-1-23　局部剖视图（一）

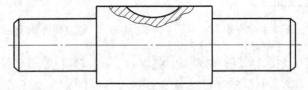

图 3-1-24　局部剖视图（二）

- 需要同时表达不对称机件的内外形状时，可采用局部剖视，如图 3-1-25 所示。

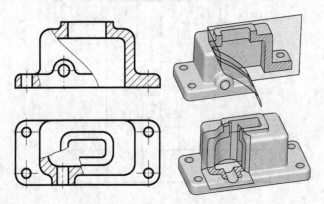

图 3-1-25　局部剖视图（三）

c. 画局部剖视图应该注意的问题。

- 波浪线不能与图上的其他图线重合，如图 3-1-26 所示。

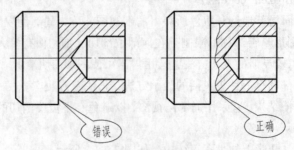

图 3-1-26　局部剖视图中波浪线的画法（一）

- 波浪线只能画在物体表面的实体部分，不得穿越孔或槽（应断开），也不能超出视图的轮廓线之外，如图 3-1-27 所示。

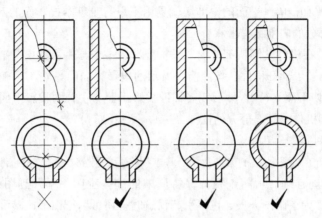

图 3-1-27　局部剖视图中波浪线的画法（二）

- 波浪线不应画在其他图线的延长线位置上，如图 3-1-28 所示。
- 当被剖结构为回转体时，允许将其中心线作局部剖的分界线，如图 3-1-29 所示。

不要画在轮廓线的延长线位置

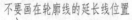

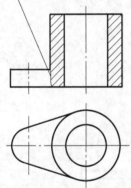

图 3-1-28　局部剖视图中波浪线的画法（三）

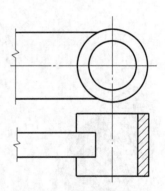

图 3-1-29　局部剖视图（四）

- 在一个视图中，局部剖的数量不宜过多，否则会显得零乱以致影响图形清晰。
- 当剖切平面的位置不明显或剖视图不在基本视图位置时，应标注剖切符号、投射方向和局部剖视图的名称，如图 3-1-30 所示。

（3）剖切面的种类（Cutting plane classification）。由于机件内部结构形状不同，常需选用不同数量、位置与形状的剖切面剖开机件，以便将机件的结构表达清楚。主要分为单一剖切面、几个平行的剖切平面和几个相交的剖切平面（交线垂直于某一基本投影面）。

① 单一剖切面（Single cutting plane）。单一剖切面又分为单一平行剖切平面和单一斜剖切平面。

a. 单一平行剖切平面。采用单一平行剖切平面（与

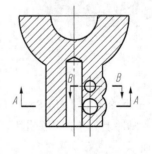

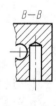

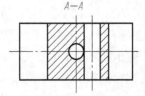

图 3-1-30　局部剖视图（五）

基本投影面平行）可获得全剖视、半剖视和局部剖视，前面所有的图都是属于这一种类型的。

b. 单一斜剖切平面。单一平面的斜剖切就是用不平行于基本投影面的剖切面去剖切，用它来表达机件上倾斜部分的内部结构形状。

在图 3-1-31 中，在机件的倾斜部分内部结构处，用 1 个与主视图投影平面垂直（同时垂直轴线）的剖切平面 $A—A$ 剖开机件，按照箭头所示的投影方向向另外 1 个辅助投影平面上投影（辅助投影平面与剖切平面平行），然后绕着辅助投影平面与主视图投影平面的交线轴，将辅助投影平面展开，得到机件上倾斜部分的视图 $A—A$，简称斜剖。

画斜剖时应注意以下几点。

- 剖视图应配置在箭头所指的方向，并与基本视图保持投影关系，标注剖切符号和视图名称。
- 为使视图布局合理，可将剖视图保持原来的倾斜程度，平移到图纸适当的地方，如图 3-1-31（d）所示。为了画图方便，在不引起误解时，还可以把图形旋转到水平位置，但要画上旋转符号和标注视图名称，如图 3-1-31（c）所示。

斜剖标注时，字母必须水平注写。

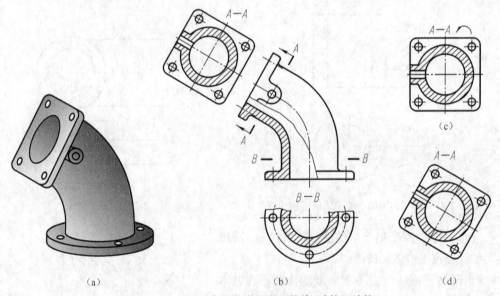

（a）　　　　　　　　　　（b）　　　　　　　　　（d）

图 3-1-31　用不平行于基本投影面的单一剖切面剖切

② 几个平行的剖切平面（Several parallel cutting plane）。用几个平行的剖切平面剖开机件，可以用来表示机件上分布在几个相互平行平面上的内部结构形状。这种剖切方法又称为阶梯剖，如图 3-1-32 所示。

标注这种剖视图时，需要在剖切面的起、讫和转折处画上剖切符号，并标注字母。当转折处位置较小时，可省略字母。当剖视图按照投影关系配置，中间又没有其他图形隔开时，可省略箭头。

画这种剖视图应注意以下几点。

a. 要正确选择剖切平面的位置，在图形内不应出现不完整的要素。只有将一个内部结构剖切完整后再转向下一个内部结构，如图 3-1-33（a）所示。

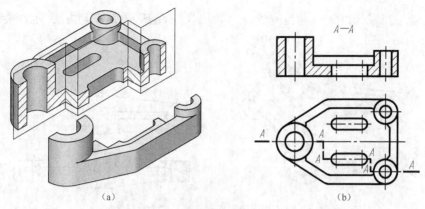

图 3-1-32　几个平行剖切平面剖切的全剖视图（阶梯剖）

b. 不应在剖视图中画出各剖切平面的交线，如图 3-1-33（b）所示。

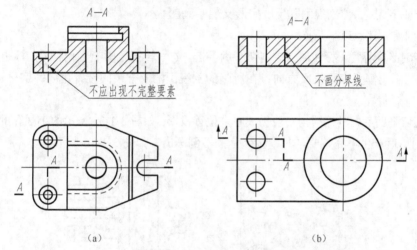

图 3-1-33　阶梯剖常见错误

c. 当机件上的两个要素在图形上具有公共对称中心线或轴线时，可以各画一半，此时应以对称中心线或轴线为界，如图 3-1-34 所示。

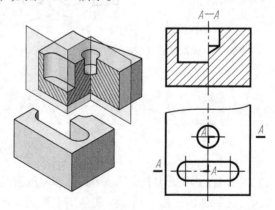

图 3-1-34　具有公共对称面的阶梯剖视图

③ 几个相交的剖切平面（Several cross cutting plane）。用几个相交的剖切平面（交线垂直于某一基本投影面）剖开机件，可以用来表达具有明显回转轴线的机件上分布在几个相交平面上的

内部形状结构，这种剖切方法又称为旋转剖，如图 3-1-35 所示。这种剖切方法，必须要标注完整。

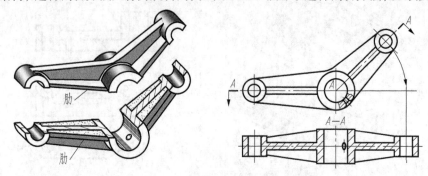

图 3-1-35　相交的剖切面剖切机件（旋转剖）

采用旋转剖时，首先把由倾斜平面剖开的结构连同有关部分旋转到与选定的基本投影面平行，然后再进行投影，使剖视图既反映实形又便于画图。

画旋转剖需要注意以下几点。

a. 旋转剖必须标注。标注时，在剖切平面的起、迄、转折处画上剖切符号，标上同一字母，并在起、迄处画出箭头表示投影方向，在所画的剖视图的上方中间位置用同一字母写出其名称"×—×"。

b. 在剖切平面后的其他结构一般仍按原来位置投影，如图 3-1-35 所示的小油孔的水平投影。

c. 当剖切后产生不完整要素时，该部分按不剖画出，如图 3-1-36 所示。

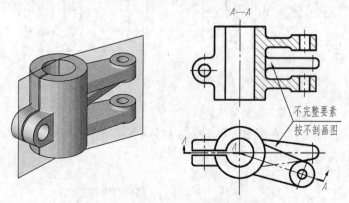

图 3-1-36　剖切后产生不完整要素时的画法

任务实施

1. 结构分析

拨叉是由带有倾斜放置的凸台的空心圆柱、空心半圆柱和增加拨叉强度的加强肋组成的。采用了两个基本视图来表达拨叉的整体结构，内部结构使用剖视图表达，加强肋的断面形状使用断面图来表达，使用斜视图来表达零件上的倾斜结构。

2. 绘图前准备

根据零件的大小，选择合适的图纸大小，将图纸固定好，形成清晰的绘图思路，将视图合理地布置在图纸上。

3. 绘制视图

先绘制作图基准线，如图 3-1-1 所示，将拨叉孔的轴线垂直于投影面，绘出拨叉的主视图和俯视图的作图基准线。

绘制主视图，主视图反应该拨叉的特征形状，可分别绘制左边工作部分、中间连接部分和右边支撑部分的外形结构。根据任务要求，采用局部剖视来表达右上侧的小圆孔。

绘制俯视图，根据任务要求，需要采用全剖的表达方式补全俯视图，故结合主视图和俯视图外形分析，主要把俯视图右边连接部分的圆孔表达清楚。

根据任务要求，补全斜视图。最后绘制图形上的尺寸界、尺寸线等标注线，加深描粗图形即可。

4. 尺寸标注

根据图样的尺寸标注，在视图上进行相应的尺寸标注，保证尺寸的正确、完整和合理。

5. 标注技术要求

根据图样的技术要求，在视图上相应的位置标注技术要求。

6. 填写标题栏

填写标题栏，完成图纸的绘制。

任务2 拨叉零件图样的识读

▌任务引入与分析

识读拨叉零件图样，想象出零件的形状，读懂尺寸和技术要求，为以后的工艺设计打下基础。

正确分析拨叉零件图样中视图的组成，熟练运用形体分析法标注与识读组合体尺寸，初步运用有关表达方法（如基本视图、斜视图、局部剖视图、重合断面图等）的知识点形成拨叉零件空间结构的想象。联系各个视图表达与零件结构的对应关系，想象拨叉零件主要结构——圆筒、半圆筒、水平肋板和竖直肋板以及拱形凸台等的空间形状，运用形体分析法中确定各结构相对位置的思维方法以及综合想象能力建立零件整体空间结构的想象，较熟练地分析各结构定形尺寸、定位尺寸、总体尺寸以及尺寸基准，并能进一步理解图样上的表面结构、尺寸公差等的技术要求。

▌相关知识

一、认识叉架（Cognition the parts of the fork-frame group）

叉架类零件主要有拨叉、连杆和各种支架等，拨叉主要用在各种机器的操纵机构上，起到操纵、调试作用；连杆起到传动作用；支架主要起支承和连接作用。

1. 结构特点（Structural characteristics）

叉架类零件形式多样，结构形状比较复杂，常带有倾斜结构和弯曲部分，毛坯多为铸件和锻件，这类零件一般由 3 个部分构成，即支承部分、工作部分和连接部分。连接部分多为肋板结构，且形状弯曲、扭斜的较多。支承部分和工作部分的细部结构也较多，如圆孔、螺孔、油槽、油孔、凸台、凹坑等。

2. 图样画法（Representation of drawings）

叉架类零件的加工位置难以分出主次，工作位置也有较多变化，其主视图主要按工作位置或安装时平放的位置选择，并选择最能体现结构形状和位置特征的方向。此外还需要斜视图、局部视图、局部剖视图、断面图等才能将零件表达清楚。

3. 尺寸标注（Dimension）

叉架类零件的长、宽、高 3 个方向的尺寸基准一般为支承部分的孔的轴线以及对称面和较大的加工平面。

4. 技术要求（Technical requirement）

叉架类零件一般对表面结构、尺寸公差和形位公差没有特别的要求，按一般的规律给出即可。

二、简化画法（Simplified representation）

1. 相同结构要素的简化画法（Representation of factors of same configuration）

（1）当机件具有若干相同结构（齿、槽等），并按一定规律分布时，只需画出几个完整的结构，其余用细实线连接，在零件图中必须注明该结构的总数，如图 3-2-1 和图 3-2-2 所示。

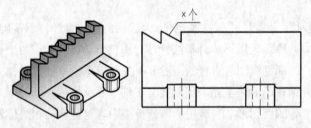

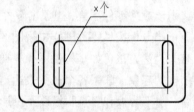

图 3-2-1　相同结构的简化画法（一）　　　　　图 3-2-2　相同结构的简化画法（二）

（2）若干直径相同且成规律分布的孔（圆孔、螺孔、沉孔等），可以仅画出 1 个或几个，其余只需用点画线表示其中心位置，在零件图中应注明孔的总数，如图 3-2-3 和图 3-2-4 所示。

2. 断裂画法（Representation of cutting）

较长的机件（轴、型材、连杆等）沿其长度方向的形状一致或按一定规律变化时，可断开后缩短绘制，如图 3-2-5 所示。折断线一般采用波浪线或双折线（均为细实线）。断裂画法尺寸注实长。

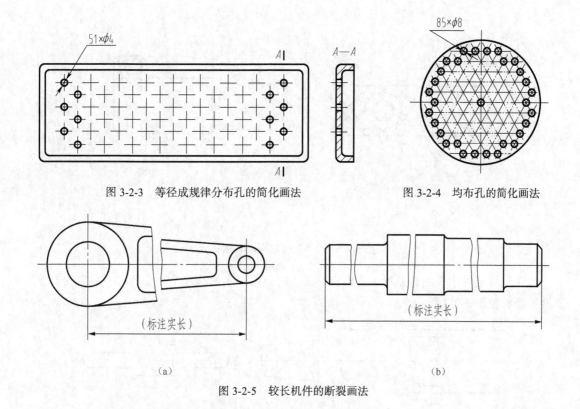

图 3-2-3 等径成规律分布孔的简化画法   图 3-2-4 均布孔的简化画法

图 3-2-5 较长机件的断裂画法

3. 对称图形的简化画法（Representation of symmetrical drawing）

在不致引起误解时，对于对称机件的视图可只画一半或四分之一，并在对称中心线的两端画出两条与其垂直的平行细实线，如图 3-2-6 所示。

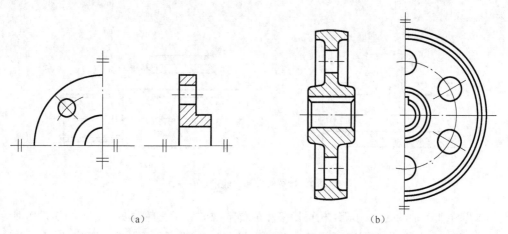

图 3-2-6 对称机件的简化表示法

4. 细小结构的简化画法（Representation of small configuration）

（1）网状物、编织物或机件上的滚花部分，可在轮廓线之内示意地画出一部分细实线，并加旁注或在技术要求中注明这些结构的具体要求，如图 3-2-7 所示。

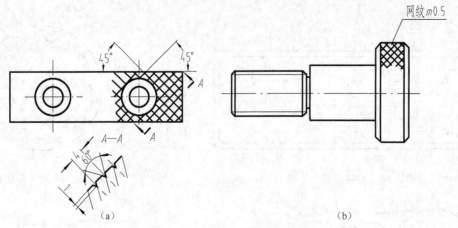

图 3-2-7　机件上滚花的简化画法

（2）机件上的小平面在图形中不能充分表达时，可用平面符号（相交的两条细实线）表示这些平面，如图 3-2-8 所示。

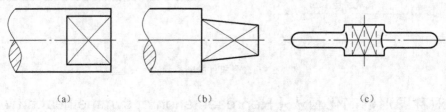

图 3-2-8　平面的简化画法

（3）在不致引起误解时，非圆曲线的过渡线及相贯线允许简化为圆弧或直线，如图 3-2-9 所示。

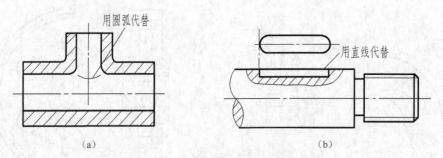

图 3-2-9　过渡线和相贯线的简化画法

（4）零件上个别的孔、槽等结构可用简化的局部视图表示其轮廓实形，如图 3-2-10 所示。

（5）与投影面倾斜角度等于或小于 30°的圆或圆弧，其投影可用圆或圆弧代替，如图 3-2-11 所示。

（6）机件上的较小结构，若已在一个图形中表示清楚，在其他图形中可简化或省略，如图 3-2-12 所示。

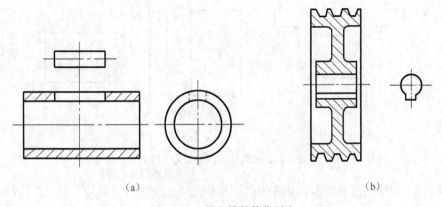

(a)　　　　　　　　　　　　　　　　　　(b)

图 3-2-10　孔和槽的简化画法

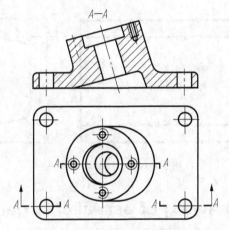

图 3-2-11　倾斜圆的简化画法

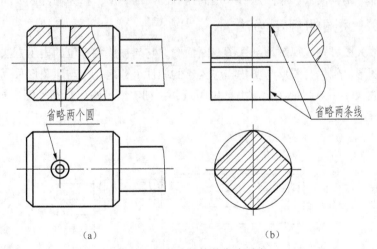

省略两个圆　　　　　　　　　　　　省略两条线

(a)　　　　　　　　　　　　　　　　　(b)

图 3-2-12　较小结构的省略画法

（7）在不致引起误解时，机件上的小圆角、小倒圆或 45° 小倒角，在图上允许省略不画，但必须注明其尺寸或在技术要求中加以说明，如图 3-2-13 所示。

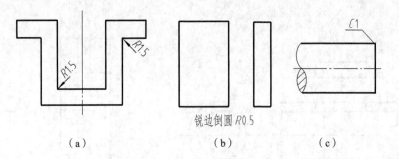

（a）　　　　　　　　　　（b）　　　　　　　（c）

图 3-2-13　圆角、倒角的简化画法

（8）机件上斜度不大的结构，如在一个图形中已表达清楚时，其他图形可按小端画出，如图 3-2-14 所示。

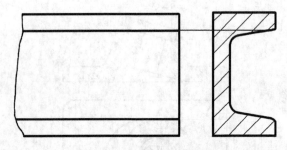

图 3-2-14　斜度的简化画法

三、局部放大图（Drawing of partial enlargement）

将机件的部分结构用大于原图形所采用的比例画出的图形，称为局部放大图。

1. 局部放大图的规定画法

（1）局部放大图可画成视图、剖视图或断面图，它与被放大部位的表示方法无关。

（2）绘制图形比例仍为图形与实物相应要素的线性尺寸之比，与原图形采用的比例无关。

（3）局部放大图一般配置在被放大部位附近，用细实线（圆或长圆）圈出被放大的部位，如图 3-2-15 中Ⅰ、Ⅱ处所示。

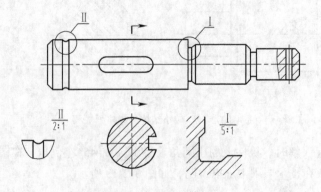

图 3-2-15　局部放大图（一）

（4）同一机件上不同部位的局部放大图，当图形相同或对称时，只需画出一个，如图3-2-16所示。

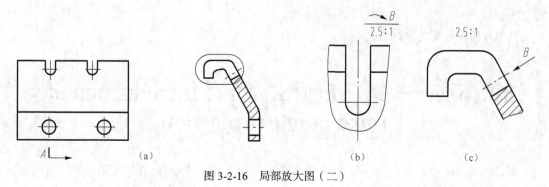

图3-2-16　局部放大图（二）

（5）必要时，可用几个图形同时表示同一被放大的结构，如图3-2-16（b）、（c）所示。

2. 局部放大图的标注

若机件仅有一个部位被放大时，只需在放大图上方注明比例，如图3-2-16中的2.5：1。当机件同时有几处被放大时，用罗马数字标明被放大部位，并在相应局部放大图上方注上相同罗马数字和采用比例，如图3-2-15中Ⅰ、Ⅱ处所示。

任务实施

1. 获取零件基本信息

拨叉主要用在机床或内燃机等各种机器的操纵机构上，操纵机器或调节速度等。

由图3-1-1的标题栏可知，该零件是叉架类零件，选用的材料为HT200，绘制该图形所用的比例为1：1。

2. 想象零件结构形状及读出零件的尺寸

拨叉采用两个基本视图、一个斜视图来表达。

主视图采用一个局部剖视图来表达，主要表达拨叉的外部形状和凸台的内部结构。同时采用斜视图表达了凸台的表面结构。

俯视图采用单一剖切面的全剖视图来表示，重点表达拨叉的内部结构。

把内、外形状结合起来考虑，得到拨叉的整体形状。

3. 读取零件的尺寸标注

高度方向主要尺寸基准为ϕ25H7的水平中心线所在的对称中心面；长度方向主要尺寸基准为ϕ25H7的轴线；宽度方向主要尺寸基准为后端面。

4. 读取零件的技术要求

（1）读取尺寸公差。例如圆筒ϕ55H11有尺寸公差的要求。该尺寸公差的公差带代号为H11，基本偏差代号为H，标准公差等级为IT11，其上、下偏差分别为+0.190 mm和0，限定了该轴孔的实际直径大小必须控制在ϕ55～ϕ55.19 mm之间。

其他尺寸公差请自行讨论。

（2）读取表面结构代号。表面要求最高的数值为 3.2μm，说明了凸台的上表面的粗糙度 Ra 值为 3.2μm。

其他表面粗糙度请自行讨论。

知识拓展——第三角画法简介（Introduction of third-angle projection）

国家机械制图标准图样画法中规定"技术图样采用正投影法绘制，并优先采用第一角画法"，"必要时允许采用第三角画法"。

世界上多数国家（如中国、英国、法国、德国、俄罗斯等）都是采用第一角画法，但是，美国、日本、加拿大、澳大利亚等则采用第三角画法。随着国际间技术交流的日益发展，我们常会遇到一些采用第三角投影绘制的技术图样。因此，掌握第三角画法视图的基本知识和读图基本方法是必要的。

1. 第三角投影法的概念

如图 3-2-17 所示，由 3 个互相垂直相交的投影面组成的投影体系，把空间分成了 8 个部分，每一部分为一个分角，依次为Ⅰ，Ⅱ，Ⅲ，…，Ⅷ分角。将机件放在第一分角进行投影，称为第一角画法。而将机件放在第三分角进行投影，称为第三角画法。

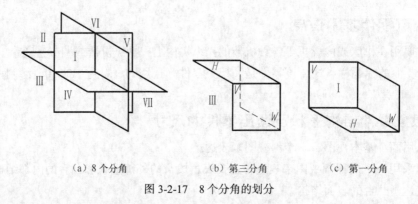

（a）8 个分角   （b）第三分角   （c）第一分角

图 3-2-17   8 个分角的划分

2. 第三角画法与第一角画法的区别（Distinctions of third-angle and first-angle projection）

第三角画法与第一角画法的区别在于人（观察者）、物（机件）、图（投影面）的位置关系不同。

第一角画法是将物体置于第一角内，使物体处于观察者与投影面之间而得到正投影的方法，从投影方向看是"人、物、图"的关系，如图 3-2-18 所示。

第三角画法是将物体置于第三角内，使投影面处于观察者与物体之间而得到正投影的方法，从投影方向看是"人、图、物"的关系，如图 3-2-19 所示。投影时就好像隔着"玻璃"看物体，将物体的轮廓形状印在"玻璃"（投影面）上。

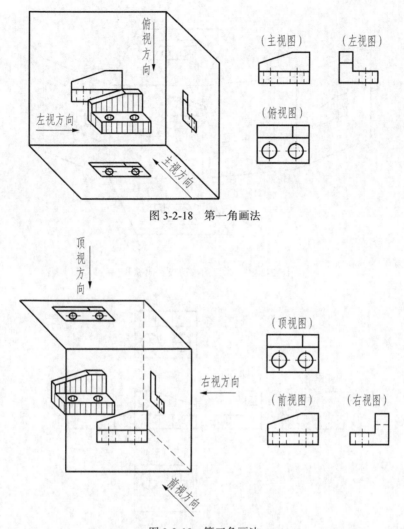

图 3-2-18　第一角画法

图 3-2-19　第三角画法

3. 第三角画法中的三视图（Three views in third-angle projection）

前面讲过，采用第三角画法时，是将物体置于第三分角内，即投影面处于观察者与物体之间，在 V 面形成由前向后投影得到的前视图；在 H 面上形成由上向下投影得到的顶视图；在 W 面上形成由右向左投影得到的右视图。即：

由前向后投射，在 V 面上所得到的视图叫前视图；

由上向下投射，在 H 面上所得到的视图叫顶视图；

由右向左投射，在 W 面上所得到的视图叫右视图。

为了使 3 个投影面展开成一个平面，规定 V 面不动，H 面绕它与 V 面的交线向上旋转 90°，W 面绕它与 V 面的交线向右旋转 90°，如图 3-2-19 所示；各视图之间仍保持"长对正，高平齐，宽相等"的投影关系。

采用第三角画法时也可以将物体放在正六面体中，分别从物体的 6 个方向向各投影面进行投影，得到 6 个基本视图，即在三视图的基础上增加了后视图（从后往前看）、左视图（从左往右看）、底视图（从下往上看），如图 3-2-20 及图 3-2-21 所示。

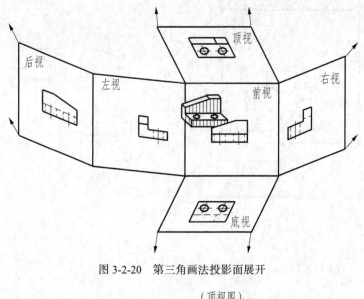

图 3-2-20　第三角画法投影面展开

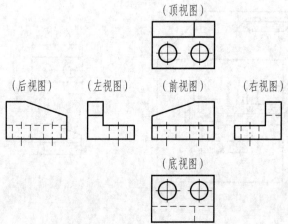

图 3-2-21　第三角画法视图的配置

4．第三角画法与第一角画法的识别符号（Identification symbols of third-angle and first-angle projection）

为了识别第三角画法与第一角画法，国家标准规定了相应的识别符号，如图 3-2-22 所示，该符号一般标在图纸标题栏的上方或者左方。

采用第三角画法时，必须在图样中画出第三角画法的识别符号，如图 3-2-22（a）所示；当采用第一角画法时，在图样中一般不必画出第一角画法的识别符号，但在必要时也可画出，如图 3-2-22（b）所示。

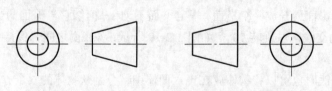

　　（a）第三角画法符号　　　　　　　　（b）第一角画法符号

图 3-2-22　第三角画法与第一角画法符号

任务1　泵体零件图样的绘制

任务引入与分析

本任务要求如下。

（1）根据给定的泵体零件图样，如图 4-1-1 所示，在此零件图中补标所需的几何公差。

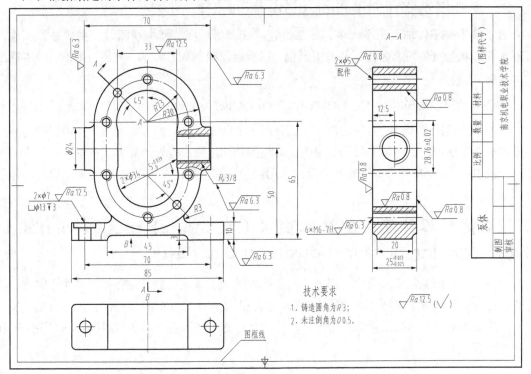

图 4-1-1　泵体零件图

（2）根据零件大小选择合适的绘图比例。

（3）根据完善过的零件图，重新抄绘一张零件图。

正确分析箱体类零件图样中的视图的组成，根据给定的视图表达，想象该泵体的外部形状和内部结构；在此基础上，明确泵体零件在油泵装配体中的作用，分析各个表面的几何公差要求；根据几何公差的标注原则和方法，正确标注该泵体所需的几何公差。

根据先导项目任务中绘制零件图样的步骤，选择正确的绘制方法，建立清晰的绘图思路，绘制出泵体的零件图样。

相关知识

一、箱体类零件（The parts of the case-housing group）

箱体类零件的结构一般比较复杂，加工位置不止一个，其他零件和它有装配关系，因此，主视图一般按工作位置绘制，需采用多个视图，且各视图之间应保持直接的投影关系，没表达清楚的地方再采用局部视图或局部断面图表示。

1. 结构分析（Structural analysis）

箱体类零件主要有阀体、泵体、减速器箱体等，其作用是支持或包容其他零件，如图 4-1-2 所示。这类零件有复杂的内腔和外形结构，并带有轴承孔、凸台、肋板，此外还有安装孔、螺孔等结构。

2. 主视图选择（Selection of main view）

由于箱体类零件加工工序较多，加工位置多变，所以在选择主视图时，主要根据工作位置原则和形状特征原则来考虑，并采用剖视，以重点反映其内部结构，如图 4-1-2 中的主视图所示。

3. 其他视图的选择（Selection of other views）

为了表达箱体类零件的内外结构，一般要用 3 个或 3 个以上的基本视图，并根据结构特点在基本视图上取剖视，还可采用局部视图、斜视图及规定画法等表达外形。在图 4-1-2 中，采用了全剖视图、B—B 阶梯剖视图和局部剖视图表达内部形状，左视图和 C 向视图表达零件的外部结构。

二、箱体类零件图上的技术要求（Technical requirements of detail drawing of case-housing group parts ）

箱体类零件的毛坯多为铸件，部分结构要经机械加工而成。加工时有关的零件几何精度与理化性能方面的质量要求通常称为技术要求。如表面结构、尺寸极限与配合、几何公差、零件材料与热处理等。技术要求通常用符号、代号或标记标注在图形上，或者用简明的文字注写在标题栏附近。

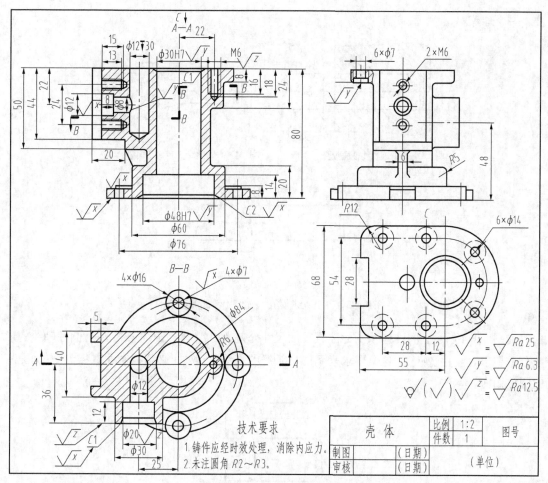

图 4-1-2　壳体的零件图

三、几何误差（Geometric tolerances）

在机械制造中，零件加工后存在着尺寸的误差，同时，由于机床精度、加工方法等多种因素，还会产生几何形状误差以及某些要素的相互位置误差。例如，图 4-1-3（b）中的轴产生了形状误差，发生了弯曲，图 4-1-3（c）中的轴产生了位置误差，端面发生了倾斜，尽管轴段的截面尺寸都是在尺寸公差的范围内，但是仍然会影响孔、轴进行正常的装配。因此，在零件图样上，不仅需要保证尺寸公差的要求，而且还要保证几何公差的要求，这样才能满足零件的使用性能和装配要求。

1. 几何公差的基本概念

（1）几何公差。几何公差是指零件的实际形状和实际位置对理想形状和理想位置所允许的最大变动量。

（2）几何要素（简称要素）。几何要素是指零件特征部位的点（球心、圆心等）、线（素线、轴线、中心线等）和面（平面、对称面、圆柱面、球面等）。

（3）公差带。公差带是对形状或实际位置公差允许变动的区域。其主要形式有：两平行直线、两平行平面、两个同心圆、两同轴圆柱、两等距曲线、两等距曲面、一个四棱柱、一个圆柱、一个球等。

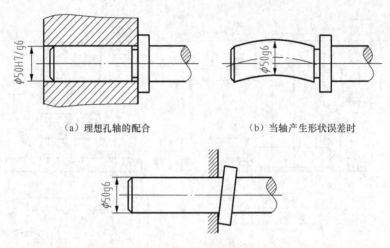

（a）理想孔轴的配合　　　（b）当轴产生形状误差时

（c）当轴产生位置误差时

图 4-1-3　几何误差对孔、轴使用性能的影响

如图 4-1-4 所示，圆柱体除了标注直径的尺寸公差 $\phi12^{-0.006}_{-0.017}$ 外，还需要标注对圆柱轴线的形状公差要求 ⎯ ∣ $\phi0.006$ 。这个要求表示圆柱轴线的直线度误差，必须控制在直径为 $\phi0.006$mm 的圆柱面内。

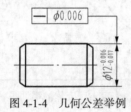

图 4-1-4　几何公差举例

2．几何公差的特征项目及其符号

国家标准规定，几何公差的几何特征共有 19 种，见表 4-1-1。

表 4-1-1　　　　　　　　　　　　　几何特征及其符号

公　差	几　何　特　征	符　　号	有无基准要求
形状公差	直线度	⎯	无
	平面度	▱	无
	圆度	○	无
	圆柱度	⌀	无
	线轮廓度	⌒	无
	面轮廓度	⌓	无
方向公差	平行度	//	有
	垂直度	⊥	有

续表

公　差	几　何　特　征	符　号	有无基准要求
方向公差	倾斜度	∠	有
	线轮廓度	⌒	有
	面轮廓度	⌒	有
位置公差	位置度	⊕	有或无
	同心度（用于中心点）	◎	有
	同轴度（用于轴线）	◎	有
	对称度	=	有
	线轮廓度	⌒	有
	面轮廓度	⌒	有
跳动公差	圆跳动	↗	有
	全跳动	↗↗	有

3. 几何公差代号

GB/T 1182—2008 规定，在技术图样中可用代号来标注几何公差。无法用代号标注时，允许在技术说明中用文字加以说明。几何公差代号包括：几何公差框格及指引线、几何公差特征项目符号、几何公差数值及其他有关符号、基准符号等。

（1）公差框格和指引线。按照国家标准规定，框格分为两格或多格，用细实线画出，可水平或垂直布置，通常尽量水平放置。指引线也用细实线引出，指向被注位置。框格自左向右填写如下内容：第一格填写几何公差符号；第二格填写几何公差数值及有关符号；第三格及以后各格填写基准代号字母及有关符号。公差框格中的数字和字符其高度应和图样中的尺寸数字高度相同，框格的高度是字高的两倍，其长度可根据需要而定，如图 4-1-5 所示。

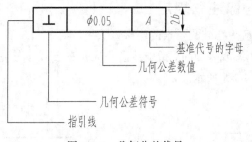

图 4-1-5　几何公差代号

（2）基准符号画法。基准符号用一个基准方格和涂黑（或空白的）基准三角形，用细实线连接而构成，标注形式如图 4-1-6 所示。其中，基准方格内注写表示基准名称的大写拉丁字母，水平书写，其高度与图样中的尺寸数字高度相同。基准代号中，涂黑的和空白的三角形含义相同。同一图样中的基准代号必须一致。

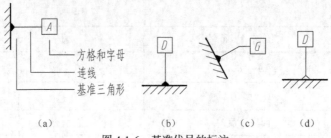

图 4-1-6　基准代号的标注

几何公差标注的更多示例如图 4-1-7 所示。

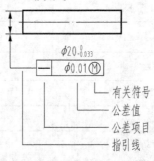

（a）

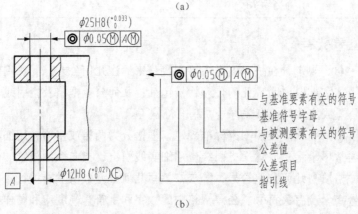

（b）

图 4-1-7　几何公差标注示例

4. 几何公差代号标注和规定

（1）代号中的指引线箭头与被测要素的连接方法。

① 当被测要素为轮廓线或表面时，指引线箭头应指在该要素的轮廓线或其延长线上，且与尺寸线明显地错开，如图 4-1-8 所示。

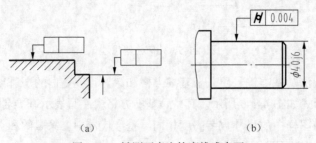

（a）　　　　　　　　　　　　　　　　（b）

图 4-1-8　被测要素为轮廓线或表面

② 当被测要素为轴线、球心的回转面时,指引线箭头应指在该要素的轮廓线或其延长线上,且与尺寸线对齐,如图 4-1-9 所示。

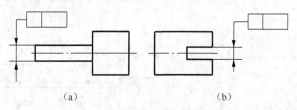

（a）　　　　　　　　　（b）

图 4-1-9　被测要素为对称要素

（2）基准符号与基准要素的连接方法。

① 当基准要素为素线或表面时,基准符号应靠近该要素的轮廓线或其引出线标注,且与尺寸线明显地错开,如图 4-1-10 所示。

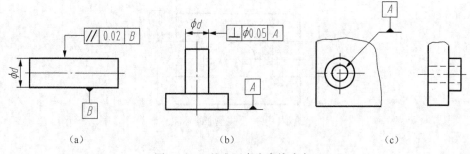

（a）　　　　　　　　　（b）　　　　　　　　　（c）

图 4-1-10　基准要素为素线或表面

② 当基准要素为轴线或中心平面时，基准符号应与尺寸线对齐，如图 4-1-11 所示。

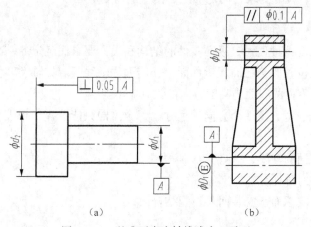

（a）　　　　　　　　　（b）

图 4-1-11　基准要素为轴线或中心平面

（3）当同一被测要素有多项几何公差要求时，可采用框格并列注法，如图 4-1-12 所示。

（4）当多个被测要素有相同的几何公差要求时，可以从框格引出多条指引线分别指向各要素，如图 4-1-13 所示。

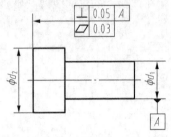

图 4-1-12 有多项几何公差要求时

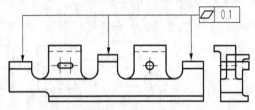

图 4-1-13 多个被测要素有相同的几何公差要求

（5）由两个或两个以上基准要素组成的基准称为公共基准。标注时，应对两个基准要素分别标注不同的字母，并且在被测要素公差框格中用短横线隔开这两个字母，如图 4-1-14 所示。

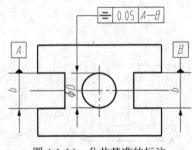

图 4-1-14 公共基准的标注

四、零件图的尺寸标注（Dimensioning of detail drawing）

标注零件图的尺寸，除了遵循前面已讲过的正确、完整、清晰的要求外，还应做到合理，合理是指所注尺寸符合设计要求，满足加工、测量的需要。

1. 设计基准

设计基准——在设计过程中，根据零件的结构和设计要求而确定的基准。它一般是用来确定零件在机器中准确位置的接触面、对称面、回转面的轴线等。如轴类零件的轴线为径向尺寸的设计基准，箱体类零件的底面为高度方向的设计基准等。

任何零件都有长、宽、高 3 个方向的尺寸，每个方向只能选择 1 个设计基准。常见的设计基准如下。

（1）零件上回转面的轴线；

（2）零件结构的对称面；

（3）零件的重要支承面、安装面及装配结合面；

（4）零件主要加工面。

如图 4-1-15 所示，泵体的底面用于确定上端齿轮孔和管螺纹的高度尺寸，因此它是高度方向的设计基准，也是主要基准。而上端齿轮孔的轴线用于确定下端齿轮孔的位置尺寸，它是高度方向的辅助基准；泵体的左右对称面用于确定上、下两齿轮及左、右两管螺纹孔凸缘在同一对称面上及对称关系，并确定 2 个安装孔的孔距，所以左右对称面是长度方向的设计基准；泵体前后对称面是宽度方向的设计基准。

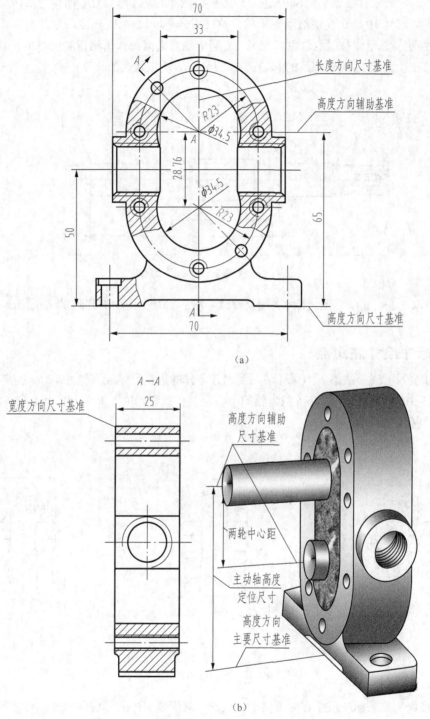

图 4-1-15　泵体的尺寸基准

2. 工艺基准

工艺基准——根据零件的加工过程，为方便装夹和定位、测量而确定的基准。

图 4-1-16 所示轴的轴向尺寸以设计基准进行标注。由于轴上装有传动部件，为了保证传动

件的正确啮合，传动件在轴上的轴向定位十分重要，因此应选择轴肩端面作为轴向尺寸的主要设计基准；以尺寸 10 确定左端滚动轴承的定位轴肩，再以尺寸 25 确定凸轮的安装轴肩；尺寸 80 确定右端滚动轴承定位轴肩，并以尺寸 12 确定轴右端面，作为测量辅助基准；以尺寸 154 确定轴的总长；尺寸 33 确定螺纹的起始，并以尺寸 16 决定螺纹的长度。

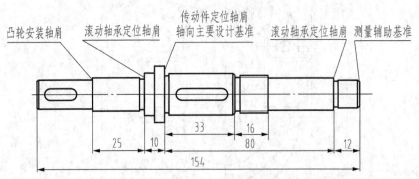

图 4-1-16 阶梯轴轴向基准示意图

又如图 4-1-15（a）所示，泵体底面是设计基准，同时也是加工和测量 ϕ34.5 mm 孔及管螺纹孔的工艺基准。

3. 标注尺寸注意点

（1）重要尺寸直接注出。为保证使用要求，零件的重要尺寸应直接注出，避免换算尺寸。如图 4-1-15 中的尺寸 65、28.76（两齿轮的中心距）和螺纹孔位置 R23 及图 4-1-17（c）中的尺寸 a 都应直接注出。

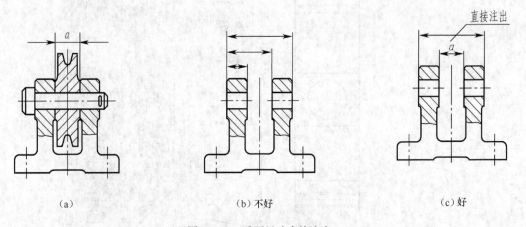

（a）   （b）不好   （c）好

图 4-1-17 重要尺寸直接注出

（2）按加工顺序标注尺寸。为了便于工人加工时识读图中所标注的尺寸，标注尺寸时应按加工顺序标注。如图 4-1-18（a）所示的阶梯小轴的轴向尺寸是符合图 4-1-18（b）、（c）、（d）、（e）所示的加工工序的要求的。

（3）不注成封闭尺寸链，如图 4-1-19 所示。封闭尺寸链是指零件同一个方向上的尺寸，一环扣一环并相连，像链条一样，成为封闭状。每个尺寸又称为尺寸链的一环。

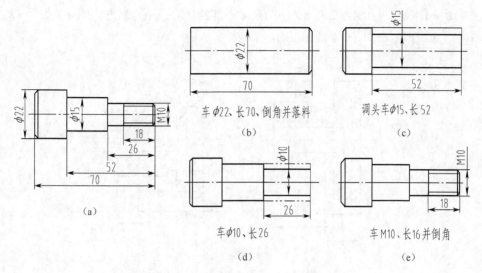

图 4-1-18　阶梯小轴按加工工序标注尺寸

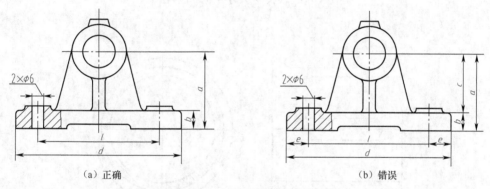

图 4-1-19　应避免注成封闭尺寸链

（4）按不同加工方法标注尺寸，如图 4-1-20（a）所示，把车、铣尺寸分两边标注。

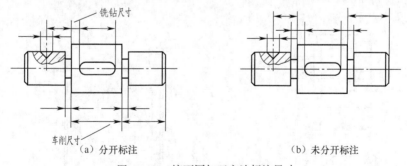

图 4-1-20　按不同加工方法标注尺寸

（5）外部和内部尺寸分类标注，如图 4-1-21（a）所示，把外部尺寸和内部尺寸分开标注。

（6）按加工要求标注尺寸，如图 4-1-22 所示的轴瓦，加工时，上、下部分合起来镗（车）孔。工作时，支承轴转动，所以径向尺寸应标注 ϕ，不能标注 R。

（7）按测量方便性和可测性标注尺寸。如图 4-1-23（b）、（d）所示，尺寸 B 不便测量，尺

寸 *A*、9、10 不能测量，图 4-1-24（b）中的尺寸不能测量，是不合理的，图 4-1-23（a）、（c）和图 4-1-24（a）中所注的尺寸才是合理的。

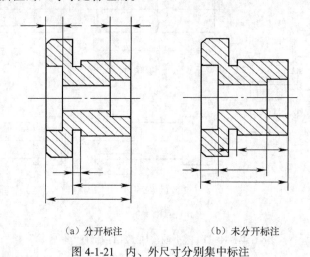

（a）分开标注　　　　　　　（b）未分开标注

图 4-1-21　内、外尺寸分别集中标注

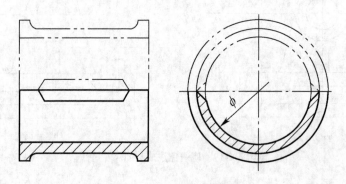

图 4-1-22　按加工要求标注尺寸

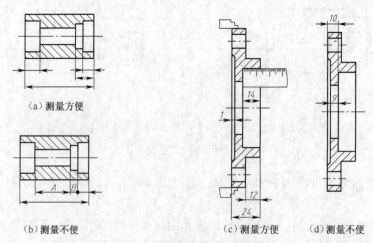

（a）测量方便

（b）测量不便　　　　　　　　　　（c）测量方便　　　（d）测量不便

图 4-1-23　标注尺寸应考虑测量方便和可能（一）

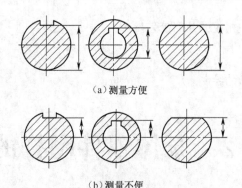

(a) 测量方便

(b) 测量不便

图 4-1-24　标注尺寸应考虑测量方便和可能（二）

任务实施

1. 结构分析

根据给定的零件图分析泵体的结构形状可得，泵体由上下两部分组成且左右对称，主体部分长圆形内腔上下各有一直径为 $\phi34.5$ mm 的半圆柱孔可容纳一对齿轮，在其左右两侧有进油孔和出油孔，在其四周有起连接定位作用的 6 个螺纹孔和 2 个销孔，底板是用来固定油泵的，大致为带圆角的长方块，下面有凹槽。

2. 确定几何公差要求

分析泵体在油泵装配体中的作用可得，泵体主体部分的前后两侧面将与两泵盖相连，为保证连接的紧密性，此两侧面应有平行度公差要求，可在左视图中标注，基准为两侧面中的其一，被测要素为两侧面中的另一，公差值可查国标按推荐值确定；为保证齿轮安装后可正常运转，安装齿轮的孔的轴线相对于前后两侧面应有垂直度公差要求，按照基准统一的要求，此基准尽可能与上一平行度形位公差中的基准相同，公差值确定同上；同时，也要保证两齿轮的回转轴线相互平行，即平行度公差要求，标注方法同上。

3. 绘图前准备

根据零件的大小，选择合适的图纸大小，将图纸固定好，形成清晰的绘图思路，将视图合理地布置在图纸上。

4. 绘制视图

先绘制 3 个视图的作图基准线，确定视图的位置，然后按照零件图的绘图步骤绘制视图、局部剖视图、全剖视图和局部视图。

5. 尺寸标注

根据图样的尺寸标注，在视图上进行相应的尺寸标注，保证尺寸的正确、完整和合理。

6. 标注技术要求

根据图样的技术要求，在视图上相应的位置标注表面结构要求；根据上面分析的结果，在图中选择合适的位置，标注相应的几何公差要求。

7. 填写标题栏

填写标题栏，完成图纸的绘制。

任务2 泵体零件图样的识读

任务引入与分析

读懂泵体的零件图，零件图样如图 4-1-1 所示。

正确分析泵体零件图样中视图的组成，熟练运用形体分析法的思维方法，运用有关箱体类零件视图的表达与识读方法等知识点形成泵体零件空间结构的想象：联系各个视图表达与零件结构的对应关系，想象零件主要结构：泵壁、底板、上下轴孔、凸台等的空间形状，运用形体分析法中确定各结构相对位置的思维方法及综合想象能力建立零件整体空间结构的想象，较熟练地分析各结构定形尺寸、定位尺寸、总体尺寸及尺寸基准，并能进一步理解图样上表面结构、尺寸公差、几何公差等的技术要求。

相关知识

一、铸造工艺结构（Features of casting processes）

1. 起模斜度（Draft）

采用铸造的方法制造零件毛坯时，为了便于从型砂中取出模型，通常沿起模方向要求有约 1∶20 的斜度，叫做起模斜度。因此在浇注的铸件外形上必然存在相应的起模斜度［见图 4-2-1（a）］，所以在铸件零件图上也就存在相应的斜度。通常为便于制图，这一斜度在图上可以不标注，也不一定画出［见图 4-2-1（b）］，可以在技术要求中用文字加以说明。

2. 铸造圆角（Rounded corners in castings）

在铸件毛坯各表面的相交处，都有铸造圆角，这样既能方便起模，又能防止浇铸铁水时将砂型转角处冲坏，还可以避免铸件在冷却时由于冷却不均而产生裂缝或缩孔。当铸件表面被加工后铸造圆角被切去，应画出倒角或尖角，如图 4-2-2 所示。

一般铸造圆角在图上不标注，常集中注写在技术要求中，铸造圆角的半径一般为 3～5 mm。

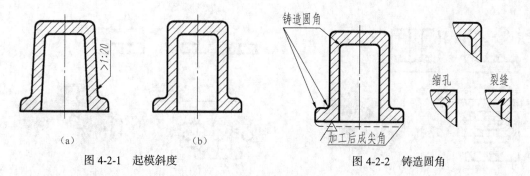

>1:20
(a)
(b)

图 4-2-1　起模斜度

铸造圆角
缩孔
裂缝
加工后成尖角

图 4-2-2　铸造圆角

3. 铸件壁厚（Wall thickness in castings）

在浇注过程中，若铸件的结构突变、壁厚相差过大等，当铸件冷却时，会因为壁的厚薄不同导致各组成部分冷却速度不同而产生缩孔或裂纹等缺陷，影响铸件的质量，如图 4-2-3（c）所示。因此要求铸件结构的壁厚变化应尽可能大致相等或均匀变化或逐渐变化，以保证铸件浇注冷却时收缩均匀，如图 4-2-3（a）、（b）所示。

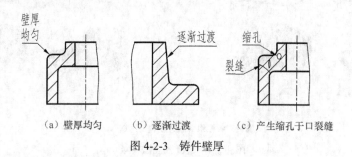

壁厚
均匀
逐渐过渡
缩孔
裂缝
（a）壁厚均匀
（b）逐渐过渡
（c）产生缩孔于口裂缝

图 4-2-3　铸件壁厚

4. 过渡线（Runout lines）

在铸件或锻件上，形体表面存在相贯线的地方也常有圆角，使形体表面光滑过渡。这时零件表面轮廓交线就不很明显，为了使其投影具有真实感，并便于看图和区分不同的表面，通常仍然按没有圆角的相贯线制图，但相贯线两端不与圆角相交连。这种形体表面相贯交线称为过渡线，各种常见形体相贯的过渡线如图 4-2-4 所示。

过渡线不与轮廓线接触
过渡线在尖点附近断开
（a）两曲面相交时过渡线的画法
（b）两曲面相切时过渡线的画法

图 4-2-4　过渡线画法

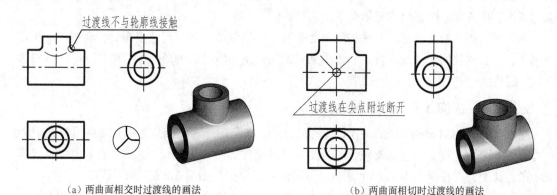

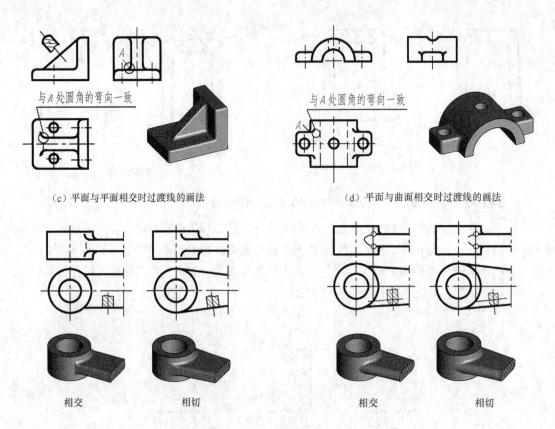

（c）平面与平面相交时过渡线的画法　　　　　　　　（d）平面与曲面相交时过渡线的画法

与A处圆角的弯向一致　　　　　　　　　　　　　　与A处圆角的弯向一致

相交　　　　　相切　　　　　　　相交　　　　　相切

（e）肋板与圆柱组合时过渡线的画法

图 4-2-4　过渡线画法（续）

二、机械加工工艺结构（Features of machining processes）

1. 倒角和倒圆（Chamfered and rounded corners）

为了去除零件的毛刺、锐边及便于装配，常将轴或孔的端部加工成 45°或 30°、60°倒角；为避免因应力集中而产生裂纹，在轴肩部常加工成过渡圆角。零件的倒角和倒圆，其尺寸已标准化了，其数值随零件直径的变化而变化，可查相关标准。

倒角和倒圆的画法和标注方法如图 4-2-5 所示。当倒角、倒圆尺寸很小时，在图样上可以不画出，但必须注明尺寸或在技术要求中加以说明。图中所注的倒角尺寸"CX"，其中的 C 表示 45°倒角。

2. 钻孔结构（Drilled holes）

采用钻头钻出的盲孔，因钻头顶部轮廓的影响，在孔底部存在锥角为 120°的圆锥，钻孔深度指圆柱部分的长度，不包括锥坑，其画法及尺寸标注如图 4-2-6（a）所示。在阶梯钻孔（沉孔）的过渡处，存在锥角为 120°的圆台，其画法及尺寸标注如图 4-2-6（b）所示。

用钻头钻孔时，钻头的轴线应与被加工表面垂直，否则会使钻头弯曲甚至折断。当被加工面倾斜时，可设置凸台或凹坑，如图 4-2-7 所示。钻头钻透时的结构要考虑到不使钻头单边受力，否则钻头容易折断，如图 4-2-8 所示。

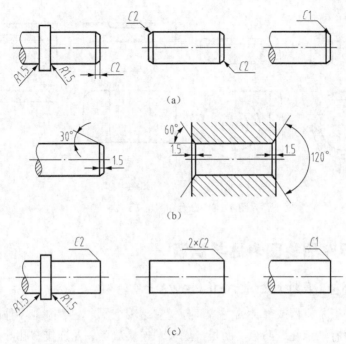

图 4-2-5　倒角和倒圆的画法和标注示例

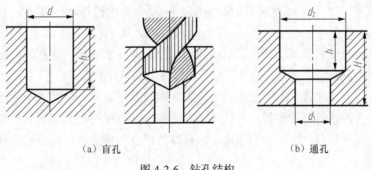

（a）盲孔　　　　　　　　　（b）通孔

图 4-2-6　钻孔结构

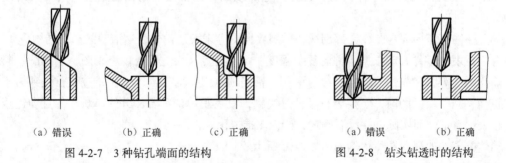

（a）错误　　（b）正确　　（c）正确　　　　　（a）错误　　（b）正确

图 4-2-7　3 种钻孔端面的结构　　　　图 4-2-8　钻头钻透时的结构

3. 凸台和凹坑（Pads and cored recesses）

与其他零件接触的形体表面，为了确保零件良好接触，必须对接触表面进行相应的机械加工，为了满足生产技术要求又能减少加工面积，零件结构常采用减少加工表面结构的措施，例如，凸台、凹坑等结构，如图 4-2-9 所示。

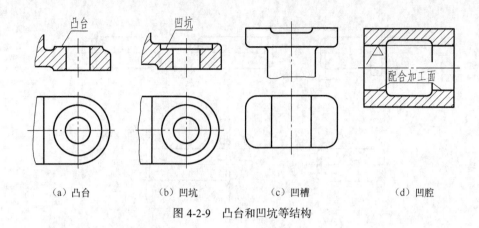

(a) 凸台   (b) 凹坑   (c) 凹槽   (d) 凹腔

图 4-2-9   凸台和凹坑等结构

三、箱体类零件的视图表达与识读

1. 视图表达（Expression of views）

箱体类零件一般是机器或部件的主体部分，它起着支承、包容其他零件的作用，所以多为中空的壳体，并有轴承孔、凸台、肋板、底板、连接法兰以及连接螺孔等，其结构形状复杂，一般多为铸件。箱体类零件的加工工序较多，装夹位置不固定。为了将零件的结构形状表达得正确、完整、清晰，并便于看图和画图，必须合理地选择表达方案。主要考虑如下几个方面。

（1）通常以最能反映其形状特征及结构间相对位置的一面作为主视图的投射方向。以自然安放位置或工作位置作为主视图的摆放位置（即零件的摆放位置）。

（2）一般需要 3 个或者 3 个以上的基本视图才能将其主要结构形状表示清楚。选择时一般考虑主视图上尚未表达清楚的结构与形状的表达需要。所选视图应具有明确的表达重点，注意避免不必要的重复，同时，在充分表达清楚零件结构形状的前提下，尽量减少视图的数量，力求制图简便。

（3）一般要根据具体零件的需要选择合适的视图、剖视图、断面图来表达其复杂的内外结构。

（4）往往还需局部视图、局部剖视和局部放大图等来表达尚未表达清楚的局部结构。

总之，表达零件时应根据零件的复杂程度、结构特点及表达需要，将视图、剖视图、断面图、简化画法等各种表达方法加以综合应用，恰当地重组。对于大家来说，应该首先致力于表达得正确、完整，画图时，不要因自己见过实物，就主观地认为各部分的形状、位置和连接关系已经表达清楚，而实际上并没有确定，给识图造成困难。

箱体类零件的视图选择示例如图 4-2-10 所示。

2. 识读零件图（Reading of detail drawing）

看图是根据零件图，了解零件的名称、材料、用途，分析其图形、尺寸，想象出零件各组成部分的结构形状、相对位置、尺寸大小，了解零件的技术要求及加工方法的过程。为了更好地读懂零件图，应联系零件在机器或部件的位置、功能以及与其他零件的关系。

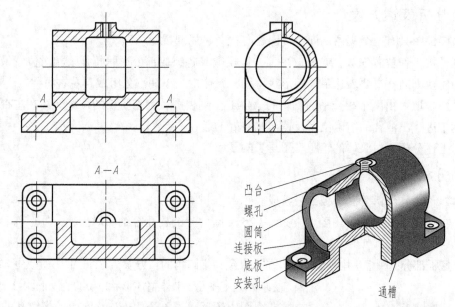

图 4-2-10　箱体类零件的视图选择

读箱体类零件图的方法和步骤一般如下。

（1）读标题栏。从标题栏了解零件的名称、材料、绘图比例等，联系典型零件的分类特点，初步认识它在机器中的部位、作用和加工方法。

（2）分析表达方案。分析视图时，首先要找出主视图，然后弄清楚各视图名称、投影方向以及各视图之间的投射关系。分析剖视图时，要弄清剖切位置及投射方向、表达目的等。对零件轮廓有初步了解。

（3）分析形体。应用形体分析法与线面分析法以及剖视图的看图方法，仔细分析，逐一读懂零件各部分的结构和形状，最后综合想象零件的整体形状。

（4）分析尺寸。分析尺寸时，首先要找出长、宽、高三方向的尺寸基准，然后从基准出发，弄清各部分的定位尺寸和定形尺寸，分清主要尺寸和次要尺寸，检查尺寸标注是否齐全、合理。

（5）看技术要求。根据图上标注的表面结构、尺寸公差、几何公差及其他技术要求，加深了解零件的结构特点和作用。

（6）综合起来想象整体。将看懂的零件的结构、形状、所注尺寸及技术要求等内容综合起来，想象出零件的全貌，对零件的结构形状在机器中的作用有全面的认识。

任务实施

1. 获取零件基本信息

由图 4-1-1 的标题栏可知，该零件是泵体，属于箱体类零件，有容纳其他零件的空腔结构，用 HT200 材料制造。零件毛坯由铸造而成，可见泵体结构较复杂，加工工序较多。绘制该图形的比例为 1∶1。

2. 分析表达方案

泵体零件图共有三个视图，即主视图、左视图、局部视图。

主视图按工作位置安放，底板放平，并以反映其各组成部分形状特征及相对位置最明显的方向作为主视方向，主要表达泵体的形状特征，泵体由上下两部分组成且左右对称。

左视图采取了由两个相交平面剖切的 *A—A* 全剖视图，剖切平面的位置标注在主视图上，补充表达了进、出油孔的准确位置及销与螺钉处的通孔。

通过上述分析，对泵体的轮廓有了初步的了解。

3. 分析形体

泵体零件由主体部分和底板部分组成。

（1）主体部分。长圆形内腔上下为 $\phi34.5$ mm 的半圆柱孔容纳一对齿轮，外形前后、左右都对称。

（2）底板部分。底板是用来固定油泵的。大致为带圆角的长方块，下面的凹槽是为了减少加工面，使泵体固定平稳。泵体整体形状的立体图如图 4-2-11 所示。

左视图中还反映了 6 个用于连接泵盖的螺纹孔的形状与位置分布情况，以及进油孔、出油孔的形状与位置分布。

通过上述分析，我们得到了齿轮油泵泵体的结构形状。

图 4-2-11　齿轮油泵的立体图

4. 读取零件的尺寸标注

（1）主要基准。泵体的左右对称面是长度方向的主要基准；后端面是宽度方向的主要基准；底面是高度方向的主要基准。

（2）主要尺寸。$\phi34.5$ 是泵体长圆形内腔的半圆柱孔与啮合齿轮齿顶圆柱的配合尺寸；28.76 ± 0.02 是泵体内腔两个半圆柱孔的中心距尺寸；$R_p3/8$ 是进、出油口的管螺纹尺寸，为 55° 密封管螺纹；另外，还有油孔中心高尺寸 50，底板上安装螺栓孔定位尺寸 70 等。

泵体上各结构的定形尺寸及其他定位尺寸大家可自行分析。

5. 读取零件的技术要求

（1）读取尺寸公差。例如，$\phi34.5^{+0.039}_{0}$ 表明泵体中上、下轴孔有尺寸公差的要求，其直径大小必须控制在 $\phi34.5 \sim \phi34.539$ mm。

28.76 ± 0.02 表明泵体中上、下轴孔的孔心距尺寸必须控制在 $28.74 \sim 28.78$ mm。

（2）读取表面结构代号。表面结构要求最高的代号为 $\sqrt{Ra0.8}$，说明了泵体与泵盖结合前后端面、两半圆柱孔 $\phi34.5$ mm 内表面的表面粗糙度 *Ra* 值为 0.8μm。

总之，泵体的技术要求，集中在上、下轴孔和内腔表面及泵壁左端面上，因为这些轴孔和端面的表面结构、尺寸精度和形位公差直接影响泵体的质量。

6. 综合起来想象整体

将已看懂的零件结构、形状、所注尺寸及技术要求等内容综合起来，想象出零件的全貌，对零件的结构形状以及在机器中的作用有了全面的认识，这样就看懂了一张零件图。

模块 **5**

装配图的绘制与识读

任务 1 齿轮油泵标准件和常用件的绘制

任务引入与分析

在各种机器和设备上，标准件与常用件使用很多。如螺纹紧固件、连接件、滚动轴承等，这些零件的结构、尺寸和成品质量，国家标准都作了统一的规定，称为标准件；另一些零件，如齿轮、弹簧等，它们的重要结构符合国家标准的规定，称为常用件。

正确分析齿轮油泵上的一些标准件和常用件，指出它们的功用，了解它们的标注和标记，掌握它们正确的连接画法的视图，建立清晰的绘图思路。画出齿轮油泵上填料压盖（见图 5-1-1）、锁紧螺母（见图 5-1-2）和压缩弹簧（见图 5-1-3）的视图。

图 5-1-1　填料压盖

图 5-1-2　锁紧螺母

图 5-1-3　压缩弹簧

相关知识

一、螺纹连接画法（The methods of the threaded connection）

前面我们已经学习了内、外螺纹的规定画法，这里我们将学习螺纹的连接画法。只有当内、外螺纹的五项基本要素相同时，内、外螺纹才能进行连接。内、外螺纹连接时，常采用全剖视图画出，其旋合部分按外螺纹绘制，其余部分按各自的规定画法绘制，如图 5-1-4 和图 5-1-5 所示。画图时必须注意：表示内、外螺纹大径的细实线和粗实线，以及表示内、外螺纹小径的粗实线和细实线应分别对齐；在剖切平面通过螺纹轴线的剖视图中，实心螺杆按不剖绘制。

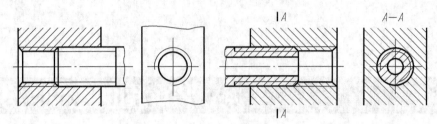

图 5-1-4　内、外螺纹旋合画法（一）

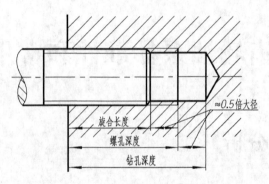

图 5-1-5　内、外螺纹旋合画法（二）

二、常用螺纹紧固件及其连接画法（The commonly used threaded fasteners and drawing methods of connection）

常用的螺纹紧固件有螺栓、螺钉、螺母、螺柱、垫圈等，如图 5-1-6 所示。它们的种类很多，结构、尺寸和技术要求都已标准化，并由专门工厂进行批量生产，根据规定标记就可在国家标准中查到相关的形状和尺寸。

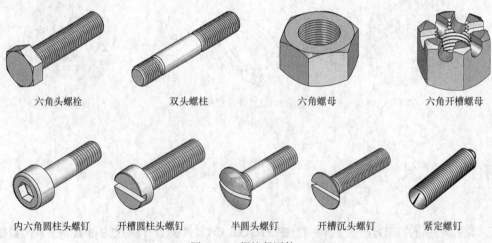

图 5-1-6　螺纹紧固件

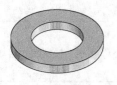  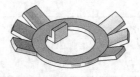

| 平垫圈 | 弹簧垫圈 | 圆螺母用止动垫圈 | 圆螺母 |

图 5-1-6　螺纹紧固件（续）

1. 螺纹紧固件的标记（The designations of threaded fasteners）

各种紧固件均有相应的规定标记，其完整的标记由名称、标准编号、尺寸、产品型式、性能等级或材料等级、产品等级、结构型式、表面处理等内容组成。一般生产中采用简化标记，常用螺纹紧固件的图例和标记示例见表 5-1-1。

表 5-1-1　　　　　　　　　　常用螺纹紧固件的图例和标记示例

六角头螺栓 A 和 B 级 GB/T 5782—2000		规定标记：螺栓 GB/T 5782 M16×60 表示 A 级六角头螺栓，螺纹规格 d = M16，公称长度 l = 60 mm
双头螺柱（b_m = 1.25） GB/T 897～900— 1988	A 型 B 型	规定标记：螺柱 GB/T 898 M16×40 双头螺柱，螺纹规格 d = M16，公称长度 l = 40 mm 规定标记：螺柱 GB/T 898 AM12×1×50 双头螺柱：旋入机体一端为粗牙普通螺纹，旋入螺母一端为螺距 P=1mm 的细牙普通螺纹，螺纹规格 d=M12，公称长度 l=50mm，A 型，b_m=1.25d
开槽圆柱头螺钉 GB/T 65—2000		规定标记：螺钉 GB/T 65 M10×45 开槽圆柱头螺钉，螺纹规格 d = M10，公称长度 l = 45 mm
开槽沉头螺钉 GB/T 68—2000		规定标记：螺钉 GB/T 68 M10×50 开槽沉头螺钉，螺纹规格 d = M10，公称长度 l = 50 mm
十字槽沉头螺钉 GB/T 819.1—2000 GB/T 819.2—1997		规定标记：螺钉 GB/T 819.1 M10×50 十字槽沉头螺钉，螺纹规格 d = M10，公称长度 l = 50 mm
开槽锥端紧定螺钉 GB/T71—1985		规定标记：螺钉 GB/T 71 M6×20 开槽锥端紧定螺钉，螺纹规格 d = M6，公称长度 l = 20 mm
1 型六角螺母 A、B 级 GB/T 6170—2000		规定标记：螺母 GB/T 6170 M16 A 级的 1 型六角螺母，螺纹规格 d = M16
平垫圈-A 级 GB/T 97.1—2002 平垫圈倒角型-A 级 GB/T 97.2—2002		垫圈 GB/T 97.1 12-140HV A 级平垫圈，公称尺寸（指螺纹大径）d=12 mm，机械性能等级为 140HV（指材料维氏硬度为 140），从标准中可得，当垫圈公称尺寸 d=12 mm 时，该垫圈的孔径为 13 mm

标准型弹簧垫圈 GB/T 93—1987		规定标记：垫圈 GB/T 93 16 标准型弹簧垫圈，公称尺寸（指螺纹大径） d=16 mm

在绘制这些标准件的视图时可根据零件的实际尺寸和结构按正投影规律及螺纹的规定画法绘制。为作图方便，画图时也可不按照实际尺寸画图，而是采用按比例绘制的简化画法。

2. 常用螺纹紧固件连接的画法（Drawing of the commonly used threaded fasteners and connection）

（1）螺栓连接。螺栓用来连接两个不太厚并能钻成通孔的零件，并与垫圈、螺母配合进行连接，如图 5-1-7 所示。

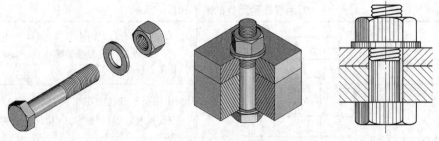

图 5-1-7　螺栓连接

① 螺栓连接中的比例画法。螺栓连接的紧固件有螺栓、螺母和垫圈。紧固件一般用比例画法绘制。所谓比例画法就是以螺栓上螺纹的公称直径为主要参数，其余各部分结构尺寸均按与公称直径成一定比例关系绘制，如图 5-1-8 所示。

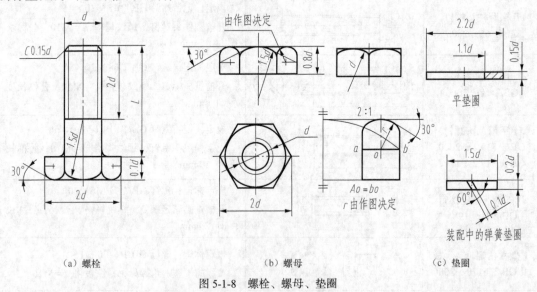

（a）螺栓　　　　　　　　　　　（b）螺母　　　　　　　　（c）垫圈

图 5-1-8　螺栓、螺母、垫圈

② 螺栓的连接画法。用比例画法画螺栓连接的装配图时，应注意以下几点。

a. 两零件的接触表面只画一条轮廓线，并不得特意加粗。凡不接触的表面，不论间隙大小，都应画出间隙（如螺栓和孔之间应画出间隙）。

b. 剖切平面通过螺栓轴线时，螺栓、螺母、垫圈可按不剖绘制。

c. 两零件相邻接时，不同零件的剖面线方向应相反，或者方向一致而间隔不等。

d. 螺栓长度 $L \geqslant \delta_1 + \delta_2 +$ 垫圈厚度+螺母厚度+（$0.2 \sim 0.3$）d，根据上式的估计值，然后选取与估算值相近的标准长度值作为 L 值。

e. 被连接件上加工的螺栓孔直径稍大于螺栓直径，取 $1.1d$。

螺栓连接的画法如图 5-1-9 所示。

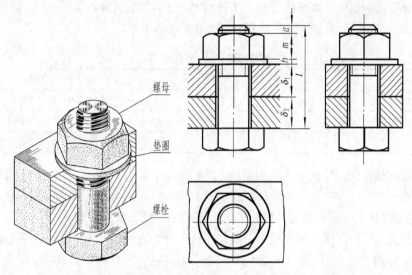

螺母

垫圈

螺栓

图 5-1-9　螺栓连接比例画法

（2）螺柱连接。螺柱两端都制有螺纹，一端用以旋入被连接零件的螺孔内，此端称为旋入端；一端的螺纹用螺母紧固，此端称为紧固端。螺柱连接适用于被连接零件之一由于太厚或不宜钻成通孔的场合。连接时，旋入端全部旋入被连接零件之一的螺孔内，紧固端穿过另一个被连接零件的通孔，套上垫圈，再用螺母拧紧。螺柱连接的装配画法如图 5-1-10 所示。

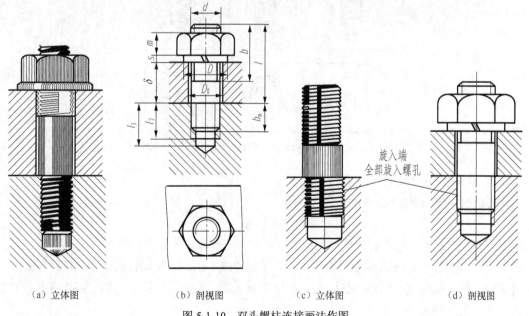

旋入端
全部旋入螺孔

　（a）立体图　　　　　　（b）剖视图　　　　　（c）立体图　　　　　（d）剖视图

图 5-1-10　双头螺柱连接画法作图

画螺柱连接的装配图时应注意以下几点。

① 注意内、外螺纹旋合结构的表示法。内、外螺纹总是成对使用的，只有当内、外螺纹的结构要素完全一致时，才能正常地旋合。

② 螺柱的公称长度 l 按下式计算。

$$l \geq \delta + 0.15d（垫圈厚）+0.8d（螺母厚）+0.3d（螺柱顶端露出高度）$$

按上式计算出的长度，查螺柱国标，选取略大于计算值的公称长度 l。

③ 旋入端长度 b_m 与被旋入零件的材料有关，见表 5-1-2。

表 5-1-2 螺纹旋入端长度 b_m 取值

钢、青铜零件	$b_m = d$（GB/T 897—1988）
铸铁零件	$b_m = 1.25d$（GB/T 898—1988）
材料强度在铸铁与铝之间的零件	$b_m = 1.5d$（GB/T 899—1988）
铝零件	$b_m = 2d$（GB/T 900—1988）

为了保证连接牢固，应使旋入端完全旋入螺纹孔中，即在装配图上旋入端的螺纹终止线与螺纹孔口端面平齐。

④ 被连接零件上的螺孔深度应稍大于 b_m，一般取螺纹长度加 0.5d。

（3）螺钉连接。常用螺钉种类很多，按其用途可分为连接螺钉和紧定螺钉两类。

螺钉连接适用于受力不大的零件之间的连接，且用在不经常拆卸的连接。被连接件之一为不通的螺纹孔，另一被连接件制出比螺钉大径稍大的光孔，如图 5-1-11 所示。螺钉连接的装配图画法，其旋入端与螺柱连接相同，被连接板孔口画法与螺栓连接相同。

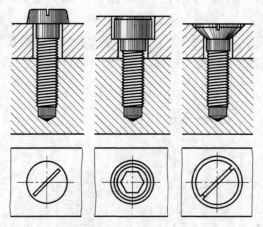

图 5-1-11 螺钉连接

螺钉连接的装配图应注意以下几点。

① 螺钉的公称长度 l 按下式计算：

$$l \geq \delta + b_m$$

按上式计算出的长度，查螺钉相应的国标，选取略大于计算值的公称长度 l。

② 旋入端长度 b_m 与螺柱旋入端相同。为保证连接牢固，应使螺钉的螺纹长度大于螺钉的旋合螺纹长度；被连接件的螺纹长度大于螺纹旋合长度。即装入螺钉后，螺纹终止线必须高出旋入端零件的上端面。

③ 具有槽沟的螺钉头部，在与轴线平行的视图上槽沟放正，而在与轴线垂直的视图上画成与水平倾斜 45° 角，槽宽约 0.2d，如图 5-1-12 所示。

④ 当一字旋具槽槽宽小于等于 2mm 时，可涂黑表示。

为了简化画图，可以按照图 5-1-12（b）所示绘图。图 5-1-12（c）中的 1、2、3 处是错误画法。

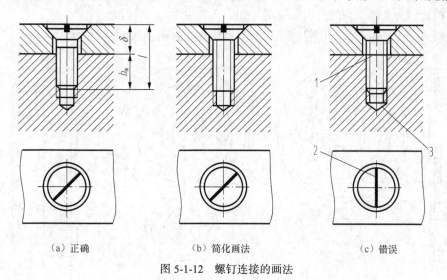

（a）正确　　　　　　　　　　（b）简化画法　　　　　　　　　（c）错误

图 5-1-12　螺钉连接的画法

紧定螺钉可以将轴、孔零件固定在一起，防止其轴位移、适用于经常拆卸和受力不大的场合。紧定螺钉分为柱端、锥端和平端 3 种，锥端紧定螺钉连接的画法如图 5-1-13 所示。

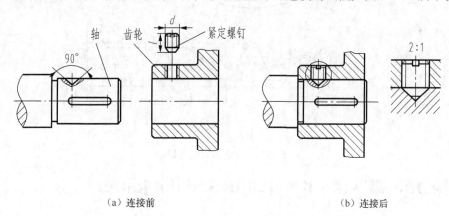

（a）连接前　　　　　　　　　　　　　　　　（b）连接后

图 5-1-13　紧定螺钉连接的画法

三、啮合齿轮（Mating gears）

一对标准直齿圆柱齿轮啮合，模数必须相同，即两齿轮的分度圆相切。

如图 5-1-14 所示，啮合区外按单个齿轮画法绘制，啮合区内按如下规则绘制。

（1）剖视表达两圆柱齿轮啮合区共有 5 条线（实、实、点画、虚、实），分别是从动齿轮齿根圆投影粗实线、主动齿轮齿顶圆投影粗实线、分度圆投影点画线、从动齿轮齿顶圆投影虚线（可省略不画）、主动齿轮齿根圆投影粗实线。其中齿顶线与另一个齿轮齿根线之间间隙为 0.25m。相互啮合状况画法如图 5-1-14（a）及局部放大视图所示。

（2）在投影为圆的视图中，相互啮合的两齿轮分度圆相切，用点画线表示，如图 5-1-14（b）所示。

（3）齿根圆投影省略不画，如图 5-1-14（b）、（c）、（d）所示；啮合区可省略齿顶圆视图，如图 5-1-14（c）所示；在投影为非圆的外形视图中，齿根线与齿顶线在啮合区内均不画出，只作出粗实线表示分度圆相切的分度线视图，如图 5-1-14（d）所示。

（4）斜齿、人字齿的齿形图符在图中应对称绘制，如图 5-1-14（d）所示。

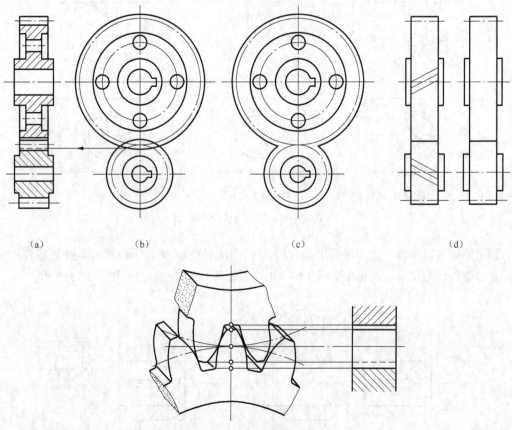

(a)　　　　(b)　　　　(c)　　　　(d)

图 5-1-14　啮合齿轮视图投影

四、键连接、销连接（Key joints and Pin joints）

1. 普通平键连接和半圆键连接

普通平键和半圆键的连接作用原理相似。半圆键用于载荷不大的传动轴上。

画图时，因普通平键和半圆键的两侧面为其工作面，它与轴、轮毂的键槽两侧面相接触，所以分别只画一条线；而键的上、下底面为非工作面，其上底面与轮毂键槽的底面有一定的间隙，应画两条线，如图 5-1-15（a）、（b）所示。

在反映键长方向的剖视图中，轴采用局部剖视，键按不剖画出。

2. 钩头楔键

楔键的上顶面有 1：100 的斜度，装配时沿轴向把键打入键槽，直至打紧。因此钩头楔键的上、下底面为工作面，各画一条线，其视图如图 5-1-15（c）所示。

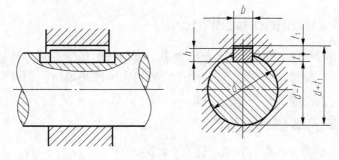

（a）平键装配图画法

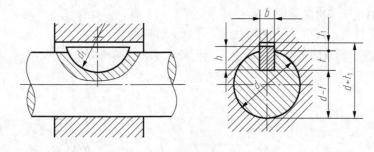

（b）半圆键装配图画法

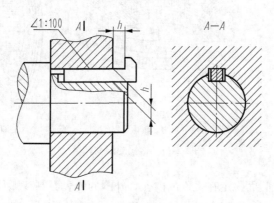

（c）楔键装配图画法

图 5-1-15　键的连接装配图

3. 销连接

销主要用来固定零件之间的相对位置，起定位作用，也可用于轴与轮毂的连接，传递不大的载荷，还可作为安全装置中的过载剪断元件。销的常用材料为 35、45 钢。

销有圆柱销和圆锥销两种基本类型，这两类销均已标准化。圆柱销利用微量过盈固定在销孔中，经过多次装拆后，连接的紧固性及精度降低，故只宜用于不常拆卸处。圆锥销有 1:50 的锥度，装拆比圆柱销方便，多次装拆对连接的紧固性及定位精度影响较小，因此应用广泛。销连接的画法如图 5-1-16 所示。

（a）圆柱销连接　　　　（b）圆锥销连接

图 5-1-16　销连接的画法

五、滚动轴承（Rolling bearings）

轴承有滑动轴承和滚动轴承两种。在机器中，滚动轴承是用来支持轴旋转及承受轴上载荷的标准部件，由专门的生产厂家生产。由于它可以大大减小轴与孔相对旋转时的摩擦力，且具有机械效率高、结构紧凑等优点，因此应用极为广泛。

1. 滚动轴承的类别和结构

（1）分类。滚动轴承按其受力方向可分为三大类。

① 向心轴承：主要承受径向力。

② 推力轴承：主要承受轴向力。

③ 向心推力轴承：既可承受径向力，又可承受轴向力。

（2）结构。滚动轴承的种类繁多，但无论何种轴承，其结构大体相同，一般由四部分组成，如图 5-1-17 所示。

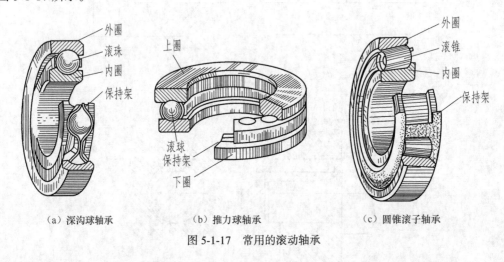

（a）深沟球轴承　　　　　（b）推力球轴承　　　　　（c）圆锥滚子轴承

图 5-1-17　常用的滚动轴承

① 外圈：通常以外圆面固定在机件的内孔。外圈的内表面制有弧形的环槽滚道。

② 内圈：内圈的内孔与轴配合并与轴一起旋转。内圈的外表面制有弧形的环槽滚道。内圈的内孔尺寸是该滚动轴承的主要规格尺寸。

③ 滚动体：形状多为圆球、圆柱、圆锥等。

④ 保持架：用来隔开滚动体。

2. 滚动轴承的标记和代号

（1）滚动轴承的标记：

| 轴承名称 | 轴承代号 | 标准编号 |

例如，滚动轴承　6210　GB/T 276—1994 等。

（2）滚动轴承的代号。滚动轴承的代号由字母加数字来表示滚动轴承的结构、尺寸、公差等级、技术性能等产品的特征。按照 GB/T 272—1993 规定，滚动轴承的代号由前置代号、基本代号和后置代号构成。

① 基本代号。基本代号表示轴承的基本类型、结构和尺寸，是轴承代号的基础。

基本代号由类型代号、尺寸系列代号和内径代号组成，排列如下。

$$\boxed{\text{轴承类型代号}}\quad\boxed{\text{尺寸系列代号}}\quad\boxed{\text{内径代号}}$$

类型代号用数字或字母表示，见表 5-1-3。

表 5-1-3　　　　　　　　　　　　　轴承类型代号

代　号	轴　承　类　型	代　号	轴　承　类　型
0	双列角接触球轴承	7	角接触球轴承
1	调心球轴承	8	推力圆柱滚子轴承
2	调心滚子轴承和推力调心滚子轴承	N	圆柱滚子轴承
3	圆锥滚子轴承	NN	双列或多列圆柱滚子轴承
4	双列深沟球轴承	U	外球面球轴承
5	推力球轴承	QJ	四点接触球轴承
6	深沟球轴承		

尺寸系列代号，由轴承的宽（高）度系列代号和直径系列代号组合而成，用两位阿拉伯数字表示。它的主要作用是区别内径相同而宽度和外径不同的轴承。具体可由 GB/T 272—1993 中查取。

尺寸系列代号有时可以省略。除圆锥滚子轴承外，其余各类轴承宽度系列代号"0"均省略；深沟球轴承的 10 尺寸系列代号中的"1"可以省略；双列深沟球轴承的宽度系列代号"2"可以省略。

内径代号，表示滚动轴承的公称直径，一般用两位阿拉伯数字表示，内径代号为 00、01、02、03 表示内径分别为 10、12、15、17（mm）；内径代号为 04～96 时，轴承内径为代号数字乘以 5；轴承公称内径为 1～9mm、≥500mm 以及 22、28、32（mm）时，用公称内径的毫米数直接表示，但与尺寸系列代号之间加"/"隔开。

基本代号示例如下。

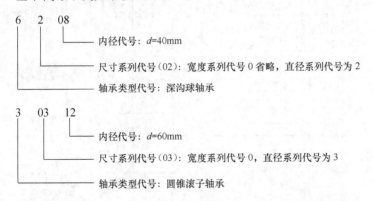

② 前置、后置代号。前置、后置代号是在轴承结构形状、尺寸、公差和技术要求等有改变时,在其基本代号前后添加的一种补充代号。前置、后置代号较多，具体含义由该轴承的国标中查知，示例如下。

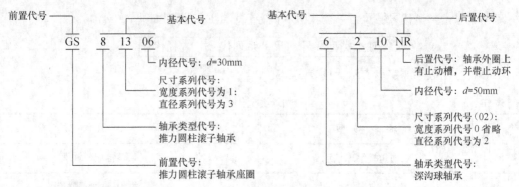

3. 滚动轴承的画法

滚动轴承保持架的形状复杂多变，设计、绘图投影表示极不方便，且该产品已标准化、系列化，只需选用，因此国家标准规定了简化画法和规定画法。即在装配图中，当不需要确切地表示滚动轴承的形状和结构时，可采用简化画法和规定画法来绘制。简化画法又可采用通用画法或特征画法来表示。各种画法的示例见表 5-1-4，其中矩形线框、符号和轮廓线均用粗实线绘制。

表 5-1-4　　　　　　　滚动轴承的通用画法、特征画法和规定画法

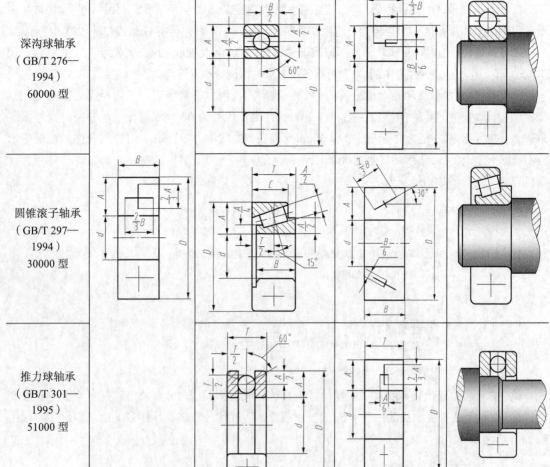

任务实施

1. 测绘填料压盖的零件视图（图 5-1-18）

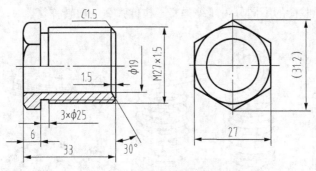

图 5-1-18　填料压盖的零件视图

2. 测绘锁紧螺母的零件视图（图 5-1-19）

锁紧螺母需要和填料压盖连接，因此两者的螺纹的五项基本要素必须相同。

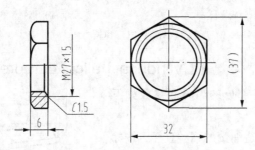

图 5-1-19　锁紧螺母的零件视图

3. 测绘压缩弹簧的零件视图（图 5-1-20）

弹簧是常用件，国家标准对它的部分参数和尺寸也作了一些规定，详见知识拓展部分。

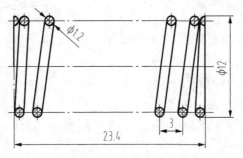

图 5-1-20　压缩弹簧的零件视图

知识拓展——弹簧

弹簧的用途很广，在机械中主要用来减振、夹紧、储存能量和测力等。弹簧的特点是去掉外力后，能立即恢复原状。弹簧的类型有螺旋弹簧、涡卷弹簧、板弹簧等，如图 5-1-21 所示。圆柱螺旋弹簧按承受载荷的不同分为压缩弹簧、拉伸弹簧、扭转弹簧。

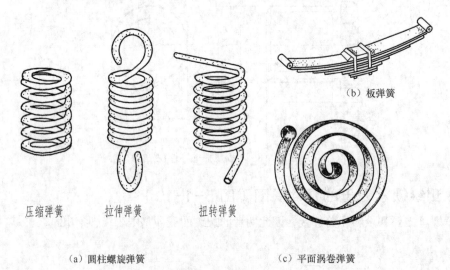

（b）板弹簧

压缩弹簧　　　拉伸弹簧　　　扭转弹簧

（a）圆柱螺旋弹簧　　　　　　　　　　（c）平面涡卷弹簧

图 5-1-21　弹簧

1. 圆柱螺旋压缩弹簧（Cylindrical helical compression springs）

圆柱螺旋压缩弹簧各部分的名称和参数如下（见图 5-1-22）。

（1）簧丝直径 d：制造弹簧的钢丝直径，按标准选取。

（2）弹簧直径。

弹簧外径 D：弹簧的最大直径。

弹簧内径 D_1：弹簧的最小直径。

弹簧中径 D_2：弹簧的平均直径，按标准选取。

$$D_2=（D+D_1）/2=D_1+d=D-d$$

（3）节距 p：相邻两有效圈上对应间的轴向距离。

（4）圈数。

有效圈数 n：弹簧中间节距相同的部分圈数。

支承圈数 n_2：为使弹簧平衡、端面受力均匀，

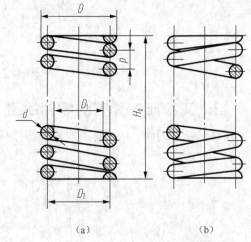

（a）　　　　　　（b）

图 5-1-22　弹簧的各部分名称

弹簧两端应磨平并紧，磨平并紧部分的圈数称为支承圈数 n_2，有 1.5、2 及 2.5 圈三种。

弹簧的总圈数 n_1：$n_1=n+n_2$

（5）自由高度 H_0：在弹簧不受力的情况下，弹簧的高度。

$$H_0=np+（n_2-0.5）d$$

（6）弹簧展开长度 L：即制造弹簧用的簧丝长度，可按螺旋线展开，$L \approx \pi D_2 n_1$

（7）旋向：分为左旋和右旋两种，大多数是右旋。

2. 螺旋弹簧的规定画法（The conventional representation of helical springs）

单个弹簧的画法如图 5-1-23 所示。国家标准对弹簧的画法做了如下规定。

（1）在平行于弹簧轴线的视图中，各圈的螺旋轮廓线画成直线。

（2）不论弹簧的支承圈是多少，均可按支承圈为 2.5 圈时的画法绘制。

（3）螺旋弹簧均可画成右旋，但左旋螺旋弹簧不论画成左旋或右旋，必须加写 LH。

（4）当弹簧的有效圈数大于 4 时，可以只画两端的 1～2 圈（支承圈除外），中间部分省略，用通过弹簧钢丝中心的两条点画线表示，并允许适当缩短图形的长度，但应注明弹簧的设计要求的自由高度。

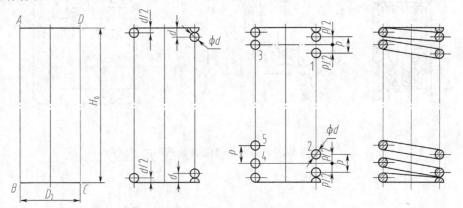

图 5-1-23　单个弹簧的规定画法

弹簧的零件图和图 5-1-24 所示。

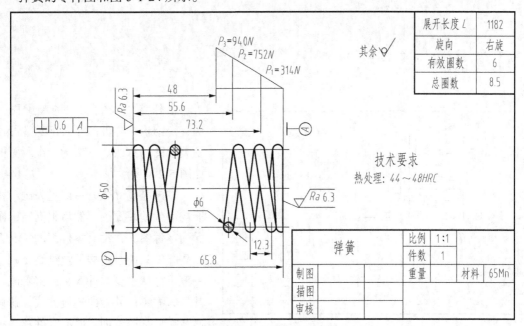

图 5-1-24　弹簧的零件图

3. 弹簧在装配图中的画法(The representation of springs in assembly drawings)

装配图中弹簧的画法如图 5-1-25 所示，画图时应注意以下几点。

（1）在装配图中，将弹簧看成一个实体，弹簧后面被遮挡住的零件轮廓不必画出。

（2）在剖视图中，若弹簧的簧丝直径小于或等于 2mm 时，断面不画剖面线，可以将其涂黑表示。

（3）簧丝直径或厚度在图形上小于或等于 2mm 时，允许用单线（粗实线）示意画法画出。

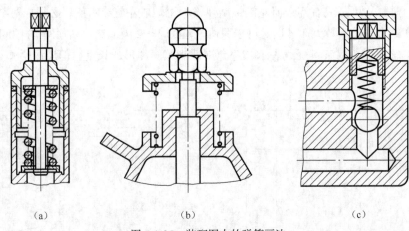

（a）　　　　　　　（b）　　　　　　　（c）

图 5-1-25　装配图中的弹簧画法

任务 2　支架装配图的绘制

任务引入与分析

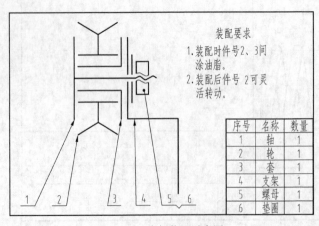

装配要求

1. 装配时件号2、3间涂油脂。
2. 装配后件号 2 可灵活转动。

序号	名称	数量
1	轴	1
2	轮	1
3	套	1
4	支架	1
5	螺母	1
6	垫圈	1

图 5-2-1　支架装配示意图

本任务以绘制支架的装配图为例，介绍根据零件图和装配示意图绘制装配图的方法。支架的装配示意图如图 5-2-1 所示。

在产品设计中，一般是先画出机器或部件的装配图，然后根据装配图拆画零件图。在没有零件图的情况下画装配图只能是边构思边绘制，顺序一般是先从主要零件入手，接着画与其相邻的零件并考虑连接方式，这样逐渐完成全图。如果已有零件图，画装配图时可由零件图来拼画。在本次任务中，将以支架装配图的绘制为例来学习由零件图拼画装配图。

相关知识

一、装配图的作用和内容（Function and content of assembly drawing）

任何机器或部件都是由一些零（组）件按一定技术要求装配而成的。如图 5-2-2 所示铣刀头是一种中间传动的部件，它由 13 种零（组）件（包括标准件）装配而成。

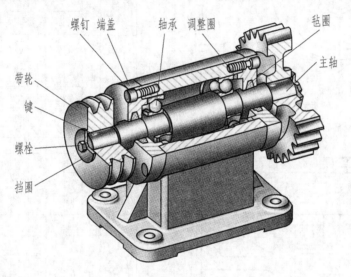

图 5-2-2　铣刀头

表示机器或部件（统称装配体）等产品及其组成的连接、装配关系的图样，称为装配图，铣刀头装配图如图 5-2-3 所示。

1. 装配图的作用（Action of assembly drawing）

在工业生产中，不论新产品设计、原产品改造或仿照，一般都应先画出装配图，再由装配图拆画零件图；在产品制造过程中，制造出零件后，再根据装配图装配成装配体；在产品使用和技术交流中要从装配图了解其性能、工作原理、使用和维修方法等，所以装配图是指导产品和使用的重要技术文件。

2. 装配图的内容（Coverage of assembly drawing）

（1）一组视图。根据产品或部件的具体结构，选用适当的表达方法，用一组视图正确、完整、清晰地表达产品或部件的工作原理、各组成零件间的相互位置和装配关系及主要零件的结构形状。

（2）必要的尺寸。装配图中必须标注反映产品或部件的规格、外形、装配、安装所需的必要尺寸，另外，在设计过程中经过计算而确定的重要尺寸也必须标注。

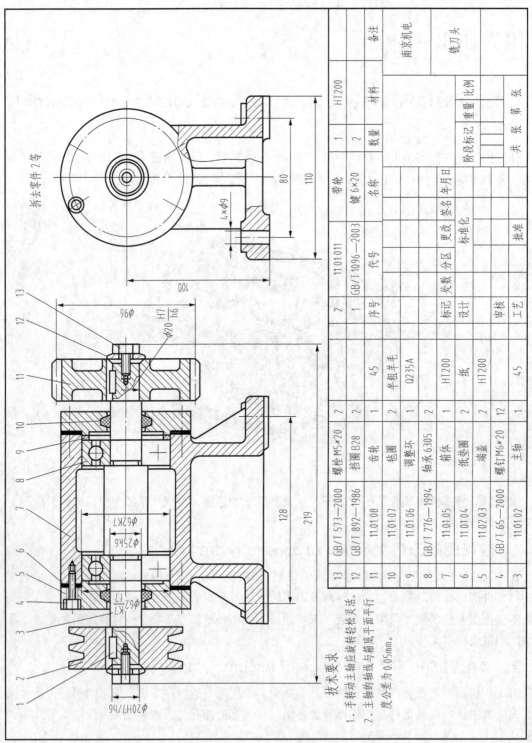

图 5-2-3 铣刀头装配图

13	GB/T 573—2000	螺栓M5×20	2		
12	GB/T 892—1986	挡圈B28	2		
11	11.01.08	齿轮	1	45	
10	11.01.07	毡圈	2	半粗羊毛	
9	11.01.06	调整环	1	Q235A	
8	GB/T 276—1994	轴承6305	2		
7	11.01.05	箱体	1	HT200	
6	11.01.04	纸垫圈	2	纸	
5	11.02.03	端盖	2	HT200	
4	GB/T 65—2000	螺钉M6×20	12		
3	11.01.02	主轴	1	45	
2		带轮	1	HT200	南京机电
1	GB/T 1096—2003	键6×20	2		铣刀头
序号	代号	名称	数量	材料	备注

技术要求

1. 手转动主轴应蔽转轻松灵活。
2. 主轴的轴线与箱底平面平行度公差为0.05mm。

（3）技术要求。在装配图中用文字或国家标准规定的符号注写出该装配体在装配、检验、使用等方面的要求。

（4）零部件序号、标题栏和明细栏。按国家标准规定的格式绘制标题栏和明细栏，并按一定格式将零、部件进行编号，填写标题栏和明细栏。

二、装配图的表达方法（Representation of assembly drawing）

装配图要正确、清晰地表达装配体结构和主要零件的结构形状，其表达方法与零件图的表达方法基本相同。但装配图表达的是装配体的总体情况，因此，在装配图中对装配体的表达方法又做了一些其他规定。

如图 5-2-3 铣刀头装配图中，采用了主视图和左视图两个基本视图，其中主视图画成了全剖视图和左视图画成局部剖视图的形式都属于基本表达方法，而左视图上还采用了一种特殊表达方法。

1. 规定画法（Drawing methods）

在看图或画图时，为了易于区分不同的零件和它们各自的投影范围，确切地表达各零件之间的装配、连接关系和装配结构，在画装配图时，应遵循下述规定。

（1）两零件的接触（或配合）表面，只画一条轮廓线。但两零件的非接触（或非配合）表面，必须画出两条线，以表示各自的轮廓。如图 5-2-4 中的滚动轴承外圈与机座孔、内圈与轴颈两处都只画了一条轮廓线。而端盖孔与轴、螺钉两处的非配合表面均分别画出各自的轮廓线。

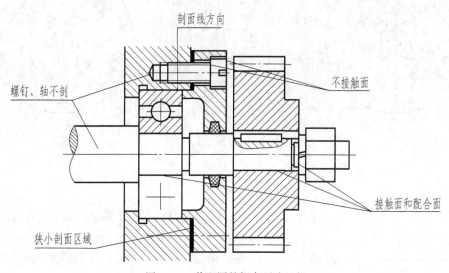

图 5-2-4　装配图的规定画法示例

（2）在采用剖视的装配图中，相邻两金属零件的剖视图倾斜方向应相反或是方向一致、间隔不等；截面小的剖面线间隔画得小些。但必须注意，同一装配图中的同一零件，在各视图中的剖面线，其倾斜方向和间隔均应相同。

当零件的厚度小于或等于 2 mm 时，允许用涂黑代替剖面符号，如图 5-2-4 中的垫片。

（3）在装配图中，对紧固零件（螺栓、螺钉、螺母、垫圈）以及轴、销、键、球等实心零件，若按纵向剖切，且剖切平面通过其对称平面或轴线时，则这些零件均按不剖绘制。如需特别表示凹槽、键槽和销孔等零件上的结构和装配关系时，则可用局部剖视图表达这些结构。如图 5-2-4 中所示的轴、螺钉和键均按不剖绘制。为了表示轴和齿轮间的键连接关系，可采用局部剖。

2. 特殊画法表达方法（Special methods）

为了使装配图能正确、清晰地表达机器或部件的工作原理、装配连接关系、结构特点和其中主要零件的结构形状，除了前面学过的各种表达方法，如视图、剖视图、断面图等以外，装配图中还规定了以下特殊画法。

（1）拆卸画法。当某个（或某些）零件在装配图的某一视图上遮住了其他需要表达的结构时，在这个视图上可以假想拆去这个（或这些）零件，把其余部件画出来。需要说明时，可以标注"拆去××等"。如图 5-2-3 铣刀头装配图的左视图，就是假想拆出带轮、挡圈、螺钉等零件画出的。

（2）沿零件结合面剖切的画法。在装配图的某个视图上，为了表示内部结构，可假想用剖切平面沿某些零件的结合面剖切的方法绘制。此时零件的接合面上不画剖面符号，而被剖切到的部分必须画出剖面符号。如图 5-2-5（a）中的 $A—A$ 剖视图就是按这种方法画出的，图中被剖切到的轴、螺栓、销都画出了剖面符号。

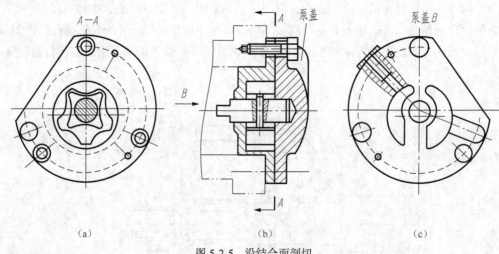

(a)　　　　　　　　　(b)　　　　　　　　　(c)

图 5-2-5　沿结合面剖切

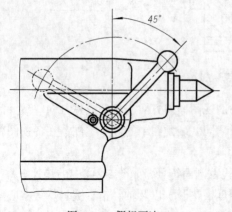

图 5-2-6　假想画法

（3）单独表示某个零件。在装配图上，如果需要将某一个零件的某个方向投影表达出来，可以单独画出某一零件的视图，但必须在所画视图上方注出该零件的视图名称，在相应视图附近用箭头指明投影方向，并注上同样的字母。如图 5-2-5（c）所示为转子油泵中泵盖的 B 向视图。

（4）假想画法。在装配图中，为了表示运动零件的运动范围和极限位置或表示与本部件相邻零（或部）件的部分轮廓，常用双点画线画出，称为假想画法，如图 5-2-6 所示。

图中的双点画线表示阀手柄的一个极限位置。

（5）夸大画法。对装配体上的薄片零件、细丝弹簧、微小的间隙和锥度很小的销、孔等，允许该部分不按比例画而夸大画出。

（6）展开画法。传动机构的传动路线和装配关系，若按正常的规定画法，在图中会产生互相重叠的空间轴系。此时，可假想按传动顺序把各轴剖开，并将其展示在一个平面上（平行于某一投影面），在剖视图上注"×—×展开"，如图 5-2-7 所示的三星轮 A—A 展开。

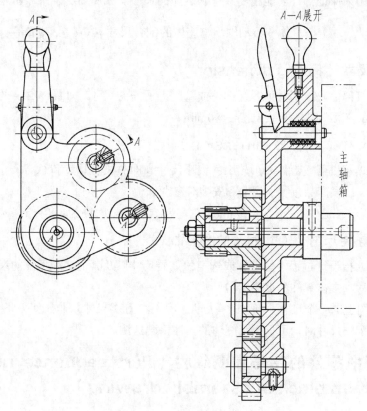

图 5-2-7　三星轮展开画法

（7）简化和省略画法。对装配图中若干相同的零件组，如螺栓连接等，可仅详细画出一组或几组，其余只需用细点画线表示出装配位置，如图 5-2-8 所示。

在装配图中，零件的工艺结构，如小倒角、圆角、退刀槽等可不画出。另外，装配图中的滚动轴承，允许采用简化画法或示意画法。

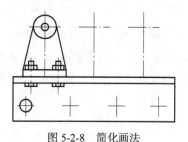

图 5-2-8　简化画法

三、装配图的尺寸标注（The dimensions of an assembly drawing）

装配图上标注尺寸与零件图标注尺寸的目的不同，因为装配图不是制造零件的直接依据，所以在装配图中不需标注零件的全部尺寸，而只需注出几种必要的尺寸。

1. 性能（规格）尺寸（Specification dimension）

性能（规格）尺寸用来表示机器、部件规格或性能尺寸。

这种尺寸在设计机器(或部件)时就已经确定，它是设计和选用部件的主要依据。如图 5-2-3 铣刀头装配图中的刀盘直径 $\phi 96$ mm。

2. 装配尺寸（Assembly dimension）

装配尺寸是用来保证部件功能精度和正确装配的尺寸。如图 5-2-3 中表示零件间配合性质的尺寸，带轮与轴、端盖与座体、滚动轴承与座体的配合尺寸 $\phi 20\dfrac{H7}{h6}$、$\phi 62\dfrac{K7}{f7}$、$\phi 62K7$ 等。

3. 安装尺寸（Fixing dimension）

安装尺寸是将部件安装到其他零、部件或基座上所需的尺寸。如图 5-2-3 的座体中的安装孔直径 $4 \times \phi 9$ mm 和两孔中心距 128 mm、80 mm。

4. 外形尺寸（Figure dimension）

外形尺寸是表示机器或部件外形轮廓的大小尺寸，即总长、总宽和总高尺寸。它表示部件所占空间的大小，以供产品包装、运输和安装时参考。

如图 5-2-3 所示，铣刀头总长为 219 mm，总宽为 110 mm，总高为 100 mm + 齿顶圆直径 1/2。

5. 其他重要尺寸（Other dimension）

其他重要尺寸指设计过程中经计算或选定的重要尺寸以及其他必须保证的尺寸，如运动零件的极限位置尺寸、主体零件的重要结构尺寸等。

注意，装配图上的一个尺寸，有时兼有好几种作用，五类尺寸并非任何一张装配图上都有。因此，在标注装配图尺寸时，可根据装配体的具体情况选注。

四、装配图中零件的序号和明细栏（Part sequence number of parts and item block of assembly drawing）

为了便于看图、装配、图样管理以及做好生产准备工作，必须对装配图上的每个不同零(部)件进行编号，这种编号称零件的序号。同时要编制明细栏。

1. 零件序号（Serial number）

在装配图中，每个零件的可见轮廓范围内，画一个小黑点，用细实线画出指引线，并在末端的横线（画细实线）上或圆内注写零件序号，如图 5-2-9 所示。

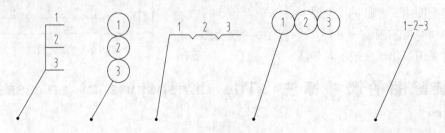

图 5-2-9　指引线

指引线应尽可能分布均匀，不能相交，当指引线通过有剖面线的区域时，不能与剖面线平行。必要时指引线可以画成折线，但只可曲折一次。一组紧固件以及装配关系清楚的零件组，可以采用公共指引线的形式。

若所指部分（很薄的零件或涂黑的剖面）内不便画出圆点时，可在指引线的末端画一箭头，并指向该部分的轮廓，如图 5-2-10 所示。

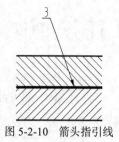

图 5-2-10　箭头指引线

装配体的所有零部件都必须编写序号。序号字高比装配图中所注尺寸数字大一号。相同零件或部件应编写同样的序号，一般只标注一次，其数量填写在明细栏的相应栏中。零件序号应按顺时针或逆时针方向顺次排列编号，并沿水平和垂直方向排列整齐。

2. 明细栏（Details column）

明细栏格式如图 5-2-11 所示。明细栏紧靠标题栏上方画出，是装配体中全部零件的详细目录，其内容包括：零件序号、零件名称、数量、材料、备注。明细栏中的零件序号由下往上填写，若上方位置不够，可移一部分紧接标题栏左方填写，明细栏最上面边框线规定为细实线。

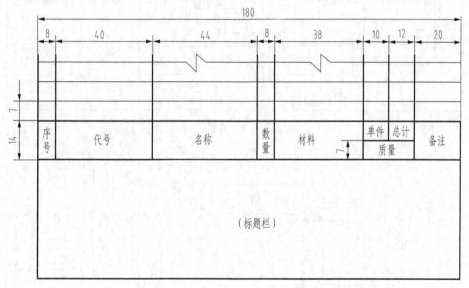

图 5-2-11　明细栏

五、装配图的技术要求（Technical requirements of assembly drawing）

一般从以下三个方面考虑。

1. 装配要求

装配要求指装配过程中应注意事项及装配后应达到的技术要求，包括精度、装配间隙、润滑要求等。

2. 检验要求

检验要求指对装配体基本性能的检验、试验、验收方法的说明等。

3. 使用要求

使用要求指对装配体的性能、维护、保养、使用注意事项的说明。

上述各项技术要求，不是每张装配图都要求全部注写，应根据具体情况而定。

任务实施

根据零件草图、标准件目录和装配示意图画装配图。画装配图的过程也是一次检验、校对所绘零件草图中的零件形状和工艺结构、尺寸标注等是否正确的过程，若发现零件草图上有错误和不妥之处，应及时校对改正。支架零件图如图 5-2-12 所示。

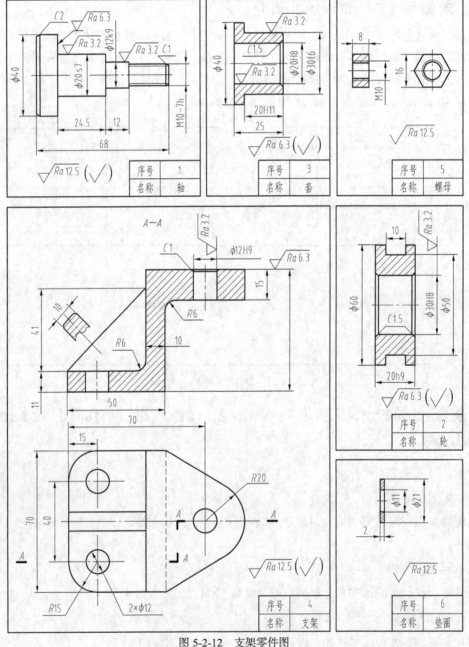

图 5-2-12　支架零件图

1. 分析装配体并确定表达方案

分析装配体的组成及结构特点，选定反映装配图中心线及安装孔剖面的视图，作为主视图，与装配图的示意图相同，主视图用全剖视图表达，局部左视图表达安装尺寸。

2. 绘制装配草图

（1）确定比例、图幅。根据零件的外形尺寸，大致算出装配图的外形尺寸，进行图面布置，确定比例、图幅。

（2）画主要件。先画主要零件，注意一定先画件的大致轮廓，细节不画，留出其他零件的位置，如图 5-2-13（a）所示，也可先画件号 1 轴。

（3）画连接零件。有多个连接件时，先画主要的零件，不剖的件先画，如图 5-2-13（b）所示。

（4）校核、绘制零件细节。校核后再画零件细节形状，描深全图，剖面线可一次画完，如图 5-2-13（c）所示。

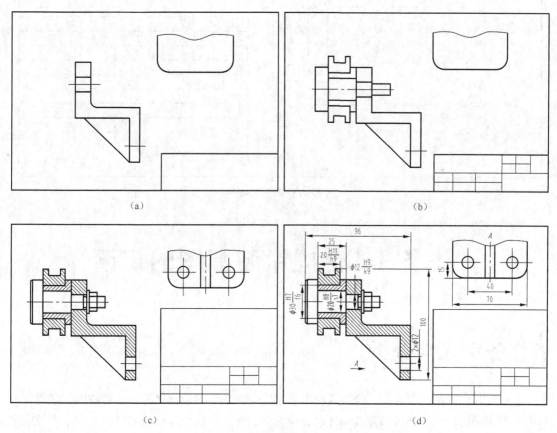

图 5-2-13　支架装配图的绘制步骤

3. 各项工程标注

（1）标注装配图尺寸。标注装配图的规定尺寸，尺寸与图对应集中标注，注意留出序号位置，如图 5-2-13（d）所示。

（2）编排零件序号。装配图零件序号的编排要求排列有序、整齐，按要求填写明细表。

（3）标注各项技术要求。装配图的技术要求，按产品的设计、装配、调试、储运等要求，提出必要的文字要求。

（4）填写标题栏。填写装配图的标题栏相关信息，完成装配图的绘制，如图 5-2-14 所示。

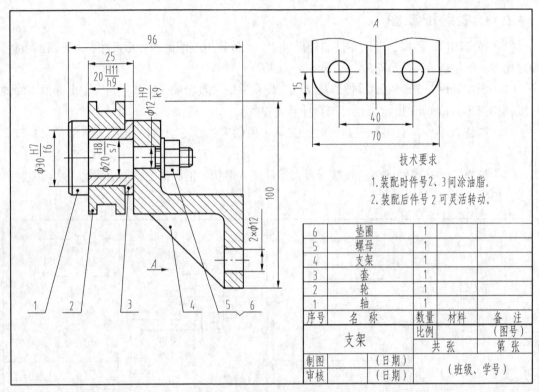

图 5-2-14　支架装配图

任务 3　台虎钳装配图的识读

任务引入与分析

在设计和实际生产工作中，经常要阅读装配图。例如，在设计过程中，要按照装配图来设计和绘制零件图；在安装机器及其部件时，要按照装配图来装配零件和部件；在技术学习或技术交流时，则要参阅有关装配图才能了解、研究一些工程、技术问题。

识读台虎钳装配图样，台虎钳装配图样如图 5-3-10 所示。

读台虎钳的装配图完成以下任务。

（1）了解装配体的名称、用途及工作原理。

（2）明确装配体的组成、各零件的位置和装配关系，以及定位和连接方法。

（3）明确传动过程中相关零件的作用，以及装配体的使用和调整方法。

（4）明确装拆方法及顺序。

相关知识

一、常见的合理的装配结构（Common rational assembling structure）

在设计和绘制装配图时，应考虑装配结构的合理性，以保证机器或部件的使用及零件的加工、装拆方便。

1. 接触面与配合面的结构

（1）两个零件接触时，在同一方向只能有一对接触面，这种设计既可满足装配要求，同时制造也很方便，如图5-3-1所示。

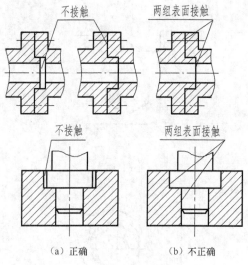

（a）正确　　　　　　　（b）不正确

图5-3-1　两零件间的接触面

（2）轴颈和孔配合时，应在孔的接触端面制作倒角或在轴肩根部切槽，以保证零件间接触良好，如图5-3-2所示。

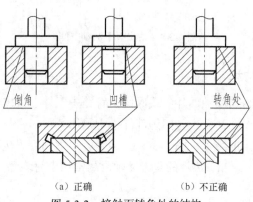

（a）正确　　　　　　　（b）不正确

图5-3-2　接触面转角处的结构

2. 便于装拆的合理结构

（1）滚动轴承的内、外圈在进行轴向定位设计时，必须要考虑到拆卸的方便，如图 5-3-3 所示。

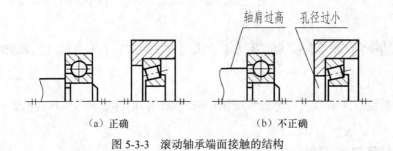

（a）正确　　　　　　　　（b）不正确

图 5-3-3　滚动轴承端面接触的结构

（2）用螺纹紧固件连接时，要考虑到安装和拆卸紧固件是否方便，如图 5-3-4 所示。

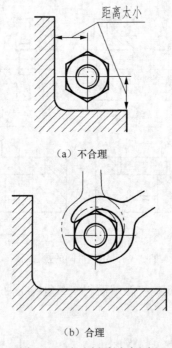

（a）不合理

（b）合理

图 5-3-4　留出扳手活动空间

3. 密封装置和防松装置

密封装置是为了防止机器中油的外溢或阀门、管路中气体、液体的泄漏，通常采用的密封装置如图 5-3-5 所示。其中在油泵、阀门等部件中常采用填料函密封装置，图 5-3-5（a）所示为常见的一种用填料函密封的装置。图 5-3-5（b）是管道中的管子接口处用垫片密封的密封装置。图 5-3-5（c）和图 5-3-5（d）表示的是滚动轴承的常用密封装置。

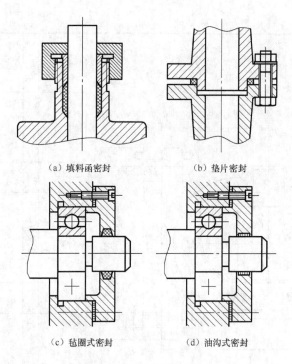

（a）填料函密封　　　　（b）垫片密封

（c）毡圈式密封　　　　（d）油沟式密封

图 5-3-5　密封装置

为防止机器因工作震动而致使螺纹紧固件松开，常采用双螺母、弹簧垫圈、止动垫圈、开口销等防松装置，如图 5-3-6 所示。

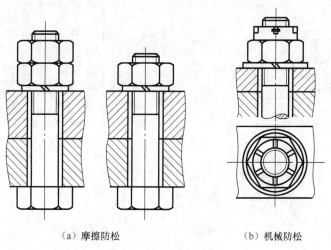

（a）摩擦防松　　　　　　　（b）机械防松

图 5-3-6　防松装置

螺纹连接的防松按防松的原理不同，可分为摩擦防松与机械防松。如采用双螺母、弹簧垫圈的防松装置属于摩擦防松装置；采用开口销、止动垫圈的防松装置属于机械防松装置。

二、读装配图（Reading assembly drawing）

现以图 5-3-7 所示的齿轮油泵为例，说明看装配图的方法和步骤。

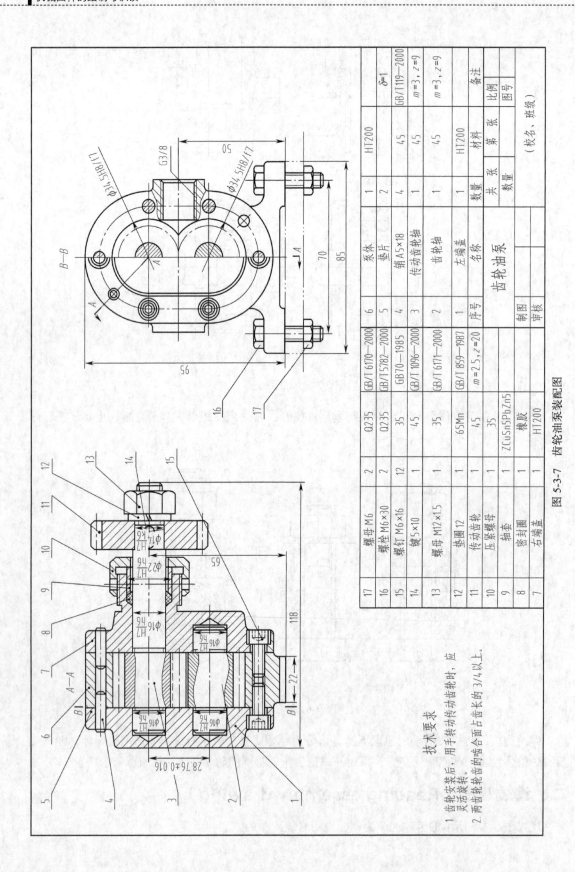

图 5-3-7 齿轮油泵装配图

技术要求

1. 齿轮安装后，用手转动传动齿轮时，应
灵活无卡滞。
2. 两齿轮齿的啮合面占齿长的 3/4 以上。

序号	名称	数量	材料	备注
6	泵体	1	HT200	
5	垫片	2		δ=1
4	销 A5×18	4	45	GB/T 119—2000
3	传动齿轮轴	1	45	m=3, z=9
2	齿轮轴	1	45	m=3, z=9
1	左端盖	1	HT200	

17	螺母 M6	2	Q235	GB/T 6170—2000
16	螺栓 M6×30	2	Q235	GB/T 5782—2000
15	螺钉 M6×16	12	35	GB70—1985
14	销 5×10	1	45	GB/T 1096—2000
13	螺母 M12×1.5	1	35	GB/T 6171—2000
12	垫圈 12	1	65Mn	GB/T 859—1987
11	传动齿轮	1	45	m=2.5, z=20
10	压紧螺母	1	35	
9	轴套	1	ZCuSn5PbZn5	
8	密封圈	1	橡胶	
7	右端盖	1	HT200	

制图

审核

齿轮油泵

共 张 第 张

比例

图号

（校名、班级）

数量

数量

材料

制图

审核

1. 概括了解

识读装配图时，首先通过标题栏了解部件的名称、用途。从明细栏了解组成该部件的零件名称、数量、材料以及标准件的规格，并在视图中找出所表示的相应零件及所在的位置。通过对视图的浏览，了解装配图的表达情况及装配体的复杂程度。从绘图比例和外形尺寸了解部件的大小。

齿轮油泵是机器中用来输送润滑油的一个部件，对照零件序号和明细栏可以看出，这个齿轮油泵是由泵体、左端盖、右端盖、齿轮轴、传动齿轮轴、密封零件以及标准件等 17 种零件组成。

2. 分析视图

了解视图的数量、名称、投射方向、剖切方法，各视图的表达意图和它们之间的关系。

齿轮油泵采用两个视图表达。主视图沿着主要装配干线剖切，采用了全剖视图，该图反映了各零件之间的装配关系。左视图采用了沿左端泵盖与泵体结合面剖切的特殊表达方法，*B—B*半剖视图既反映了齿轮油泵的外形，又表达了齿轮啮合的情况及油泵的工作原理，局部剖视表达了吸油口及压油口的情况。

3. 了解部件的工作原理和装配关系

（1）工作原理。对机器或部件有了概括了解后，还应了解机器或部件的工作原理，左视图反映部件吸、压油的工作原理。如图 5-3-8 所示，当主动轮逆时针方向转动时，带动从动轮顺时针方向转动，两轮啮合区右边的油被轮齿带走，压力降低形成负压，油池中的油在大气压作用下，进入油泵低压区内的吸油口，随着齿轮的转动，齿槽中的油不断沿箭头方向被带至左边的压油口把油压出，送至机器需要润滑的部分。

（2）装配关系。泵体 6 是齿轮油泵中的主要零件之一。泵体 6 的内腔容纳一对齿轮。将齿轮轴 2、传动齿轮轴 3 装入泵体后，由左端盖 1、右端盖 7 支承这一对齿轮轴的旋转运动。由销 4 将左、右端盖与泵体定位后，再用螺钉 15 连接。为防止泵体与泵盖结合面及齿轮轴伸出端漏油，分别用垫片 5 及密封圈 8、轴套 9、压紧螺母 10 密封。

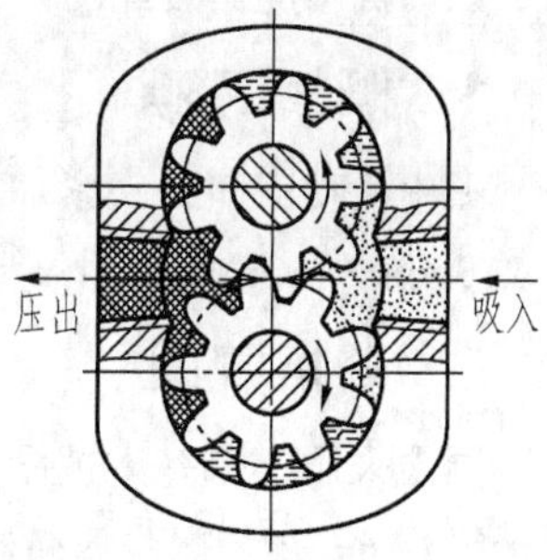

图 5-3-8　齿轮油泵工作原理

4. 分析零件的作用及结构形状

为深入了解机器或部件的结构特点，需要分析组成零件的结构形状和作用。对于装配图中的标准件（如螺纹紧固件、键、销等）和一些常用的简单零件，其作用和结构形状比较明确，无需细读，而对主要零件的结构形状必须仔细分析。

分析时一般从主要零件开始，再看次要零件。首先对照明细栏，在编写零件序号的视图上确定该零件的位置和投影轮廓，按视图的投影关系及根据同一零件在各视图中剖面线方向和间隔应一致的原则来确定零件在各个视图中的投影，然后分离其投影轮廓，先推想出因其他零件的遮挡或因表达方法的规定而未表达清楚的结构，再按形体分析和结构分析的方法，弄清零件的结构形状。

如右端盖，其上部有传动齿轮轴 3 穿过，下部有齿轮轴 2 轴颈的支承孔，在右部的凸缘的外圆柱面上有外螺纹，以便与管路相连。用压紧螺母 10 通过轴套 9 将密封圈 8 压紧在轴的四周，因此右泵盖的外形为长圆形，沿周围分布有 6 个具有沉孔的螺钉孔和两个圆柱销孔。

5. 归纳总结

在以上分析的基础上，对整个装配体及其工作原理、连接、装配关系有了全面的认识，从而对其使用时的操作过程有进一步了解。图 5-3-9 是该齿轮油泵的轴测图。

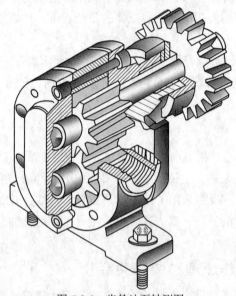

图 5-3-9　齿轮油泵轴测图

任务实施

识读机用虎钳装配图样，机用虎钳装配图样如图 5-3-10 所示。

1. 概括了解

图中活动虎钳是夹紧加工工件的装配体，由 11 种零件组成，属中等复杂程度，其外形尺寸为 210mm×（116+2 个圆弧半径）mm×60mm。

2. 分析视图

图中采用 3 个基本视图。主视图采用全剖，沿着虎钳的前后对称面剖切，主要表示螺杆装配干线及 B—B 装配线的结构。

左视图用半剖，主要表示 B—B 处断面形状和活动虎钳的外形；俯视图表达虎钳的外形，还有三个其他的画法，进一步表示工作原理。

3. 了解部件的工作原理和装配关系

从两条装配线分析入手。

（1）当螺杆 9 进行正、反转时，螺母 8 不能旋转，推动螺母沿着螺杆左右移动，这时，螺母带动活动钳身 4 左右移动。

（2）活动钳身的导槽结构与固定钳身导边为 ϕ80H9/f9 间隙配合，使活动钳身沿固定钳身 1 的导边滑移。

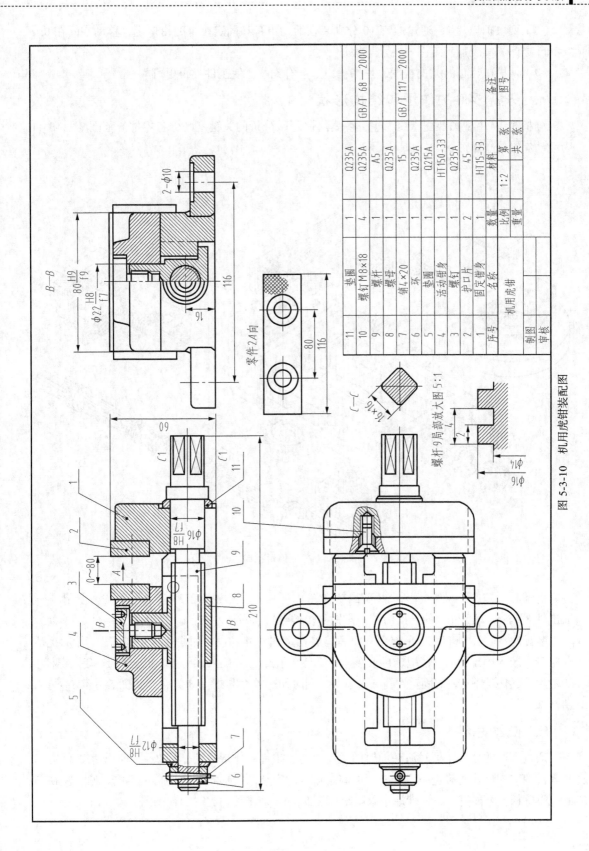

图 5-3-10 机用虎钳装配图

序号	名称	数量	材料	备注
11	垫圈	1	Q235A	
10	螺钉M8×18	4	Q235A	GB/T 68—2000
9	螺杆	1	A5	
8	螺母	1	Q235A	
7	销4×20	1	15	GB/T 117—2000
6	环	1	Q215A	
5	垫圈	1	Q215A	
4	活动钳身	1	HT150-33	
3	螺钉	1	Q235A	
2	护口片	2	45	
1	固定钳身	1	HT15-33	

机用虎钳

比例 1:2 第 张

重量 共 张

制图

审核

（3）两块护口片 2，通过螺钉 10 分别装在活动钳身和固定钳身的钳口上，移动空间在 0～70 mm 之间，实现加工工件的夹紧与松开。

（4）从护口片 2 的 A 向视图，可知护口片上有刻纹，使工件夹得更可靠。

4. 分析零件的作用和结构形状

分析时，从主视图装配干线为主，逐一零件展开。分析的关键是区分各零件的范围，图 5-3-11 为活动虎钳的立体形状。

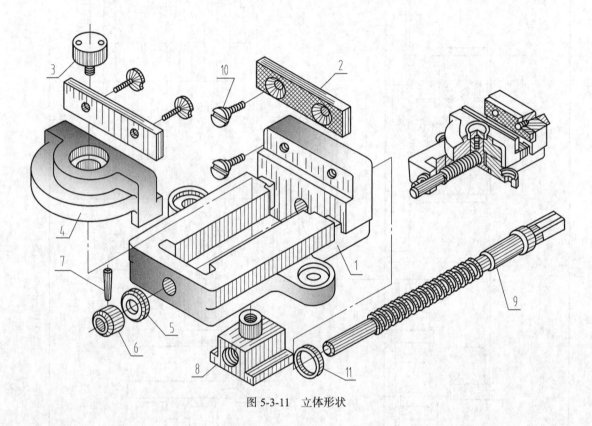

图 5-3-11   立体形状

拆卸时，卸件 7→件 6→件 5→旋出螺杆件 9→件 11。旋出螺钉 3（件上有两个小圆孔）→取出件 8。活动钳身件 4 的导槽沿着固定钳身 1 的导边从右往左推出。旋出件 10→件 2。

装配时，先把护口片 2 通过螺钉 10 固定在活动钳身 4 和固定钳身 1 的护口槽上，然后把活动钳身 4 装入固定钳身 1，把螺母 8 装入活动钳身孔中，并旋入螺钉 3。把垫圈 11 套入螺杆 9 的轴肩处，把螺杆 9 装入固定钳身 1 的孔中，同时使螺栓 9 与螺母 8 旋合→垫圈 5→环 6→打入销钉 7。

5. 归纳总结

通过上述的分析，可对活动虎钳的主体结构和零件主体形状和作用获得初步了解，但对一些零件的结构形状尚需进一步分析，如固定钳身的完整结构形状，还要再通过主、俯、左视图的投影分析，才能完整、清晰地想象出来。图 5-3-12 是该活动虎钳的轴测图。

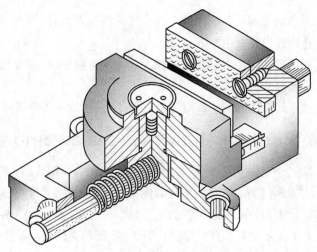

图 5-3-12　台虎钳的轴测图

任务 4　由装配图拆画零件图

任务引入与分析

　　设计机器通常先画装配图，然后根据装配图画出各个零件图，简称"拆画"。它是设计工作中的一个重要环节。本任务拆画机用虎钳活动钳身的零件图。机用虎钳的装配图如图 5-4-7 所示。

　　（1）正确分析机用虎钳装配图的组成，熟练运用形体分析法的思维方法，运用有关装配体表达与识读的方法等知识点形成机用虎钳装配体的空间结构的想象。

　　（2）联系各个视图表达与零件结构、装配结构的对应关系，先将表达各主要零件的视图从装配图中分离出来，运用形体分析法分析想象各零件的结构形状，确定各零件的相对位置及零件之间的连接关系。

　　（3）将分离出来的零件按照零件图绘制的要点，绘制出正规的、合格的零件图。

　　（4）综合机用虎钳零件图的形成过程，分小组分析机用虎钳的工作原理、工作性能，想象其中各零件的形状结构，最终独立拆画出机用虎钳活动钳身的零件图。

相关知识

　　在拆画零件图的过程中，要注意以下几个问题。

　　（1）在装配图中没有表达清楚的结构，要根据零件功用、零件结构和装配结构，加以补充完善。

　　（2）装配图上省略的细小结构、圆角、倒角、退刀槽等，在拆画零件图时均应补上。

（3）装配图主要是表达装配关系。因此，考虑零件视图方案时，不应该简单照抄，要根据零件的结构形状重新选择适当的表达方案。

（4）零件图的各部分尺寸大小可以在装配图上按比例直接量取，并补全装配图上没有的尺寸、表面粗糙度、极限配合、技术要求等。

下面以拆画齿轮油泵的泵体为例，如图 5-3-7 所示，说明拆画零件图的方法和步骤。

一、认真阅读装配图（Carefully read the assembly drawing）

在拆画零件图之前，一定要认真阅读装配图，完成读图的各项要求。分离零件时，应利用投影关系、剖面线的方向和间隔、零件编号及装配图的规定画法和特殊表达方法等分离零件，如图 5-4-1 所示。分离到的零件可能是不完整的，必须补全零件图，如图 5-4-2 所示。根据三等关系和与相邻零件之间的关系想象零件的形状。图 5-4-3 所示为齿轮油泵泵体的立体图。

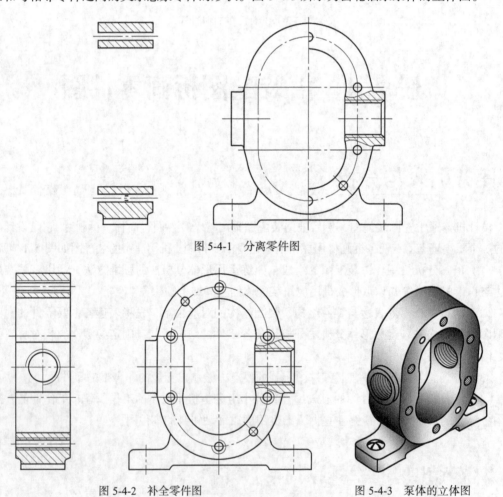

图 5-4-1　分离零件图

图 5-4-2　补全零件图　　　　　　　图 5-4-3　泵体的立体图

二、确定零件的表达方案（Determine the parts of the expression method）

拆画零件图时，一般不能照搬装配图中零件的表达方法。因为装配图的视图选择主要从整个装配体出发，不一定符合每个零件视图选择的要求，应根据零件的结构形状、工作位置或加工位置统一考虑最好的表达方案。

装配图中，泵体的左视图能够反映一对齿轮的长圆形空腔及进、出油孔，同时也反映了销钉与螺钉孔的分布情况。因此零件图的主视图按这一方向投射比较合适。

在各视图中，应将装配图中省略的零件的工艺结构补全，如倒角、倒圆、退刀槽、越程槽、轴的中心孔，如图 5-4-4 所示。

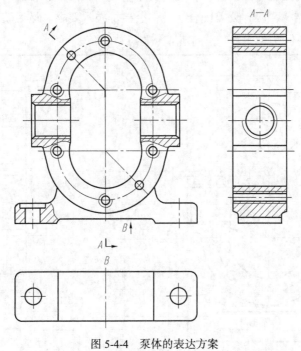

图 5-4-4　泵体的表达方案

三、零件图的尺寸标注（Dimensioning of detail drawing）

要按照正确、完整、清晰、合理的要求，标注所拆画的零件图上的尺寸。拆画的零件图，其尺寸来源可从以下几方面确定。

（1）抄注。装配图上已注出的尺寸都是必要的尺寸，拆画时应将与被拆零件有关的尺寸按其数值大小直接抄注在该零件图上，如 34.5H8/f7 是一对啮合齿轮的齿顶圆与泵体空腔内壁的配合尺寸；28.76 ± 0.016 是中心距尺寸；G3/8 是进、出油孔的管螺纹尺寸。配合尺寸应分别按孔、轴的公差带代号或查出偏差值注在相应的零件图上，如 ϕ16H7 等。某些零件在明细栏中给定了尺寸，如弹簧、垫片厚度应当作为已给尺寸标注。

（2）查取。零件上的一些标准结构（如倒角、圆角、退刀槽、螺纹、销孔、键槽等）的尺寸数值，应从有关标准中查取核对后进行标注；螺孔、键槽可查明细栏，从偶件中的另一标准件规定标记来确定。

（3）计算。零件的某些尺寸数值，需根据装配图所给定的有关尺寸和参数，经过必要的计算或校核来确定，并不许圆整。如齿轮分度圆直径，可根据模数和齿数或齿数和中心距计算确定。

（4）量取。装配图中没有标注的其余尺寸，应按装配图的比例在装配图上直接量取后算出，并按标准系列适当圆整，使之尽量符合标准长度或标准直径的数值。

根据上述尺寸来源，配齐拆画的零件图上的尺寸，标注尺寸时要恰当选择尺寸基准和标注形式，与相关零件的配合尺寸、相对位置尺寸协调一致，避免矛盾发生，重要尺寸应准确无误。

四、零件图的技术要求（Technical requirements of detail drawing）

根据零件的作用，结合设计要求，查阅有关手册或参阅同类、相近产品的零件图来确定所拆画零件图上的表面结构要求、公差配合、几何公差等技术要求。最后填写标题栏，完成所拆画的零件图，如图 5-4-5 所示。

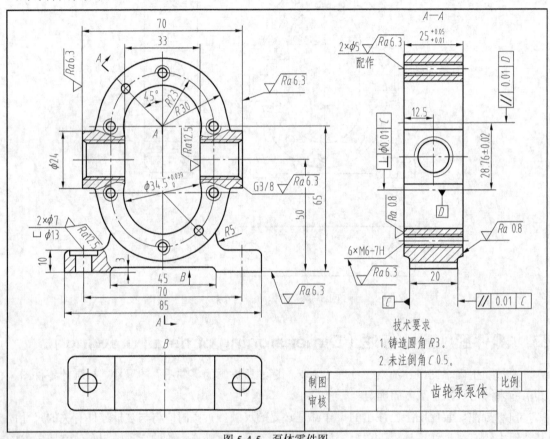

图 5-4-5　泵体零件图

任务实施

机用虎钳的装配图，参见图 5-3-10。

1. 认真阅读装配图

在拆画零件图之前，认真阅读装配图，完成读图的各项要求。分离零件时，应利用投影关系、剖面线的方向和间隔、零件编号及装配图的规定画法和特殊表达方法等分离零件，如图 5-4-6 所示。补全零件图，如图 5-4-7 所示。想象活动钳身的空间形象，如图 5-4-8 所示。

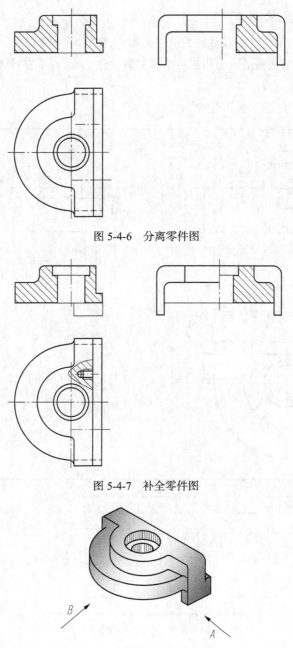

图 5-4-6　分离零件图

图 5-4-7　补全零件图

图 5-4-8　活动钳身的立体图

2. 确定零件的表达方案

如图 5-4-8 所示，活动钳身从 A、B 方向选择主视图，各有优点，若从反映导槽的特征考虑，选择 B 向视图更合理，它与装配图的主视图不一致。但选用的 3 个基本视图、剖切方法和位置，又与装配图相同，如图 5-4-9 所示。

3. 零件图的尺寸标注

由于装配图一般只标注 5 类尺寸，所以在拆画的零件图中应予补充。步骤为抄注、查找、计算、量取、协调。

4. 零件图的技术要求

根据零件表面作用及与其他零件的关系，采用类比法参考同类产品图样、资料来确定技术要求。$\phi22$ mm 孔及导槽底面的表面粗糙度要求较高，用 $Ra=1.6\mu m$；该零件是铸件，应注写有关技术要求。

拆画活动钳身的零件图如图 5-4-9 所示。

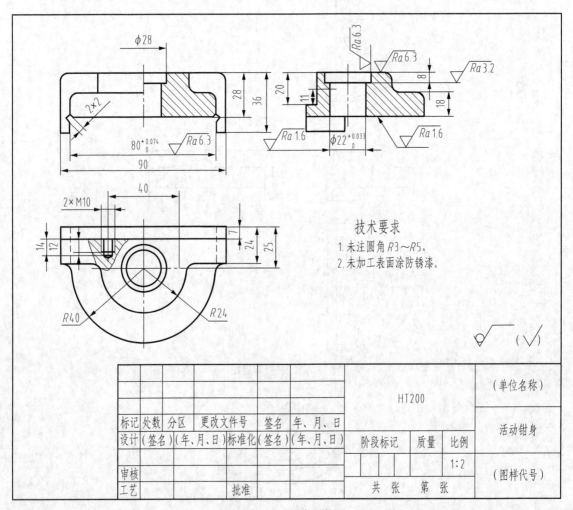

图 5-4-9　活动钳身零件图

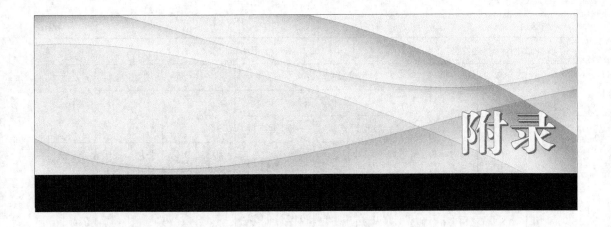

1. 键（Key）

1.1 普通平键和键槽的断面尺寸（Cross Dimensions of Parallel Key and Keyway）（摘自 GB/T 1095—2003）

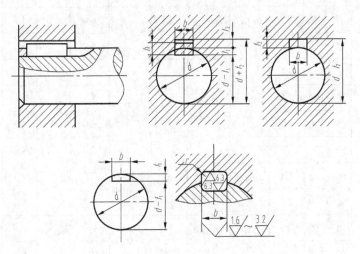

1.2 普通平键的型式尺寸（Dimensions of Parallel Key）（摘自 GB/T 1096—2003）

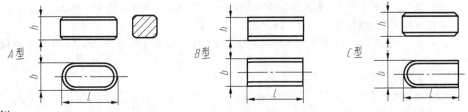

标记示例：

宽度 b=16mm、高度 h=10mm、长度 L=100mm 的普通 A 型平键：　　GB/T 1096　键 A 16×10×100

宽度 b=16mm、高度 h=10mm、长度 L=100mm 的普通 B 型平键：　　GB/T 1096　键 B 16×10×100

宽度 b=16mm、高度 h=10mm、长度 L=100mm 的普通 C 型平键：　　GB/T 1096　键 C 16×10×100

附表1　　　mm

轴	键		键槽										
			槽宽 b					深度				半径 r	
公称直径 d	公称尺寸 b×h	长度 L	公称尺寸 b	极限偏差				轴 t		毂 t1			
				较松键连接		一般键连接							
				轴 H9	毂 D10	轴 N9	毂 JS9	公称尺寸	极限偏差	公称尺寸	极限偏差	最小	最大
自6~8	2×2	6~20	2	+0.025 0	+0.060 0.020	−0.004 −0.029	± 0.0125	1.2		1		0.08	0.16
>8~10	3×3	6~36	3					1.8	+0.10 0	1.4	+0.10 0		
>10~12	4×4	8~45	4	+0.030 0	+0.078 +0.030	0 −0.030	± 0.015	2.5		1.8			
>12~17	5×5	10~56	5					3.0		2.3			
>17~22	6×6	14~70	6					3.5		2.8		0.16	0.25
>22~30	8×7	18~90	8	+0.036 0	+0.098 +0.040	0 −0.036	± 0.018	4.0		3.3			
>30~38	10×8	22~110	10					5.0		3.3			
>38~44	12×8	28~140	12	+0.043 0	+0.120 +0.050	0 −0.043	± 0.0215	5.0	+0.20 0	3.3	+0.20 0	0.25	0.40
>44~50	14×9	36~160	14					5.5		3.8			
>50~58	16×10	45~180	16					6.0		4.3			
>58~65	18×11	50~200	18					7.0		4.4			
>65~75	20×12	56~220	20	+0.052 0	+0.149 +0.065	0 −0.052	± 0.026	7.5		4.9		0.40	0.60
>75~85	22×14	63~250	22					9.0		5.4			
>85~95	25×14	70~280	25	+0.052 0	+0.149 +0.065	0 −0.052	± 0.026	9.0	+0.20 0	5.4	+0.20 0	0.40	0.60
>95~110	28×16	80~320	28					10.0		6.4			

L 系列	6，8，10，12，14，16，20，22，25，28，32，36，40，45，50，56，63，70，80，90，100，110，125，140，160，180，200，220，250，280

注：1. 键槽宽的极限偏差中"较紧连接"轴和毂的公差带代号均为"P9"，表中未列出；

2. 在工作图中，轴槽深用 t 或（$d-t$）标注，轮毂槽深用（$d+t_1$）标注；

3.（$d-t$）和（$d+t_1$）两组组合尺寸的极限偏差按相应的 t 和 t_1 的极限偏差选取，但（$d-t$）极限偏差值应取为负号（−）。

4. 平键轴槽的长度公差用 H14。

5. 图中倒角或倒圆尺寸 s：序号1~3，s=0.16~0.25；序号4~6，s=0.25~0.40；序号7~11，s=0.40~0.60；序号12~16，s=0.60~0.80。

6. 轴槽及轮毂槽的宽度 b 对轴及轮毂轴心线的对称度，一般可按 GB/T 1184—1996 表 B4 中对称度公差7~9级选取。

7. 轴公称直径一列，并不属于本标准，仅供参考。

1.3 半圆键和键槽（Woodruff Key and Keyway）（摘自 GB/T 1099.1－2003 和 GB/T 1098－2003）

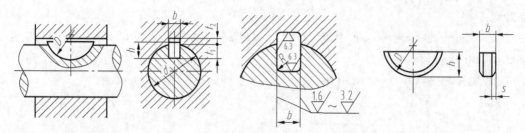

注：在工作图中，轴槽深用 t_1 或（$d-t_1$）标注，轮毂槽用（$d+t_2$）标注。

标 记 示 例

宽度 b=6mm、高度 h=10mm、直径 D=25mm 的普通型半圆键：GB/T 1099.1　键 6×10×25

附表 2   mm

序号	键尺寸 $b×h×D$	键槽										
		宽 度 b						深 度				半径 R
		基本尺寸	极 限 偏 差					轴 t_1		毂 t_2		
			正常连接		紧密连接	松连接		基本尺寸	极限偏差	基本尺寸	极限偏差	
			轴 N9	毂 JS9	轴和毂 P9	轴 H9	毂 D10					max	min
1	1×1.4×4	1	−0.004 −0.029	±0.012 5	−0.006 −0.031	+0.025 0	+0.060 +0.020	1.0	+0.1 0	0.6		0.16	0.08
2	1.5×2.6×7	1.5						2.0		0.8			
3	2×2.6×7	2						1.8		1.0			
4	2×3.7×10	2						2.9		1.0			
5	2.5×3.7×10	2.5						2.7		1.2			
6	3×5×13	3						3.8		1.4	+0.1 0		
7	3×6.5×16	3						5.3		1.4			
8	4×6.5×16	4	0 −0.030	±0.015	−0.012 −0.042	+0.030 0	+0.078 +0.030	5.0	+0.2 0	1.8		0.25	0.16
9	4×7.5×19	4						6.0		1.8			
10	5×6.5×16	5						4.5		2.3			
11	5×7.5×19	5						5.5		2.3			
12	5×9×22	5						7.0		2.3			
13	6×9×22	6						6.5	+0.3 0	2.8			
14	6×10×25	6						7.5		2.8	+0.2 0		
15	8×11×28	8	0 −0.036	±0.018	−0.015 −0.051	+0.036 0	+0.098 +0.040	8.0		3.3		0.40	0.25
16	10×13×32	10						10		3.3			

注：1. 图中倒角或倒圆尺寸 s：序号 1～7，$s=0.16～0.25$；序号 8～14，$s=0.25～0.40$；序号 15～16，$s=0.40～0.60$。

2. 轴槽及轮毂槽的宽度 b 对轴及轮毂轴心线的对称度，一般可按 GB/T 1184—1996 表 B4 中对称度公差 7～9 级选取。

3.（$d-t_1$）和（$d+t_2$）两个组合尺寸的极限偏差按相应的 t_1 和 t_2 的极限偏差选取，但（$d-t_1$）极限偏差值应取负号（−）。

2. 销（Pin）

2.1 圆锥销（Taper pin）（GB/T 117—2000）

标记示例：

公称直径 d=10mm，公称长度 l=60mm、材料为 35 钢、热处理硬度为 28HRC～38HRC，表面氧化的 A 型圆锥销，

标记为销 GB/T 117　10×60；

如为 B 型，则标记为销 GB/T 117　B10×60。

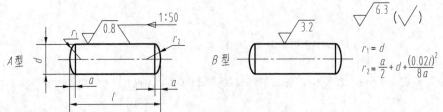

附表 3　　　　　　　　　　　　　　　　　　　　　　　　　　　　　　　　　　　　mm

d（公称）	0.6	0.8	1	1.2	1.5	2	2.5	3	4	5
$a\approx$	0.08	0.1	0.12	0.16	0.2	0.25	0.3	0.4	0.5	0.63
l（商品规格范围公称长度）	4～8	5～12	6～16	6～20	8～24	10～35	10～35	12～45	14～55	18～60
d（公称）	6	8	10	12	16	20	25	30	40	50
$a\approx$	0.8	1	1.2	1.6	2	2.5	3	4	5	6.3
l（商品规格范围公称长度）	22～90	22～120	26～160	32～180	40～200	45～200	50～200	55～200	60～200	65～200
l系列	2, 3, 4, 5, 6, 8, 10, 12, 14, 16, 18, 20, 22, 24, 26, 28, 30, 32, 35, 40, 45, 50, 55, 60, 65, 70, 75, 80, 85, 90, 95, 100, 120, 140, 160, 180, 200									

注：1. 公称直径 d 的公差规定为 h10，其他公差如 a11、c11 和 f8 由供需双方协议。

2. 圆锥销有 A 型和 B 型。A 型为磨削，锥面表面粗糙度 Ra=0.8μm，B 型为切削或冷镦，锥面表面粗糙度 Ra=3.2μm。

3. 公称长度大于 200mm，按 20mm 递增。

2.2 圆柱销（Parallel pin）（摘自 GB/T 119.1—2000 和 GB/T 119.2—2000）

末端形状，由制造者确定

允许倒圆或凹穴

标记示例：

公称直径 d=10mm，公差为 m6，公称长度 l=60mm，材料为钢，不经淬硬，不经表面处理的圆柱销，标记为：

销 GB/T 119.1　10m6×60。

公称直径 d=6mm，公差为 m6、公称长度 l=30mm、材料为钢、普通淬火（A 型）、表面氧化处理的圆柱销：销

GB/T 119.2　6m6×30

附表 4   mm

d（公称）		1.5	2	2.5	3	4	5	6	8
$c \approx$		0.3	0.35	0.4	0.5	0.63	0.8	1.2	1.6
l（商品长度范围）	GB/T 119.1—2000	4～16	6～20	6～24	8～30	8～40	10～50	12～60	14～80
	GB/T 119.2—2000	4～16	5～20	6～24	8～30	10～40	12～50	14～60	18～80
d（公称）		10	12	16	20	25	30	40	50
$c \approx$		2	2.5	3	3.5	4	5	6.3	8
l（商品长度范围）	GB/T 119.1—2000	18～95	22～140	26～180	35～200 以上	50～200 以上	60～200 以上	80～200 以上	95～200 以上
	GB/T 119.2—2000	22～100 以上	26～100 以上	40～100 以上	50～100 以上	—	—	—	—
1（系列）		3, 4, 5, 6, 8, 10, 12, 14, 16, 18, 20, 22, 24, 26, 28, 30, 32, 35, 40, 45, 50, 55, 60, 65, 70, 75, 80, 85, 90, 95, 100, 120, 140, 160, 180, 200, …							

注：1. 公称直径 d 的公差：GB/T 119.1—2000 规定为 m6 和 h8，GB/T 119.2—2000 仅有 m6。其他公差由供需双方协议。

2. GB/T 119.2—2000 中淬硬钢按淬火方法不同，分为普通淬火（A 型）和表面淬火（B 型）。

3. GB/T 119.1—2000 中，公称长度大于 200mm，按 20mm 递增；GB/T 119.2—2000 中，公称长度大于 100mm，按 20mm 递增。

2.3 开口销（Cotter pin）（GB/T 91—2000）

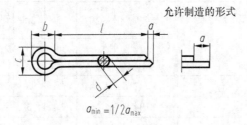

标记示例：

公称规格为 5mm、长度 l=50mm、材料为 Q215 或 Q235，不经表面处理的开口销，其标记为：销 GB/T 91   5×50

附表 5   mm

公称规格		1	1.2	1.6	2	2.5	3.2	4	5	6.3	8	10	13
d_{max}		0.9	1	1.4	1.8	2.3	2.9	3.7	4.6	5.9	7.5	9.5	12.4
c	max	1.8	2	2.8	3.6	4.6	5.8	7.4	9.2	11.8	15	19	24.8
	min	1.6	1.7	2.4	3.2	4	5.1	6.5	8	10.3	13.1	16.6	21.7
$b \approx$		3	3	3.2	4	5	6.4	8	10	12.6	16	20	26
a_{max}		1.6			2.5			3.2			4		6.3
l 范围		6～20	8～25	8～32	10～40	12～50	14～63	18～80	22～100	32～125	40～160	45～200	71～250
L 公称长度（系列）		4, 5, 6, 8, 10, 12, 14, 16, 18, 20, 22, 25, 28, 32, 36, 40, 45, 50, 56, 63, 71, 80, 90, 100, 112, 125, 140, 160, 180, 200, 224, 250, 280											

注：公称规格为销孔的公称直径，标准规定公称规格为 0.6～20mm，根据供需双方协议，可采用公称规格为 3mm、6mm、12mm 的开口销。

3. 螺纹（Screw Threads）

3.1 普通螺纹（Metric Screw Thread）（摘自 GB/T 193—2003）

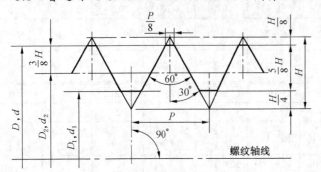

D—内螺纹大径　　　d—外螺纹大径

D_1—内螺纹小径　　　d_1—外螺纹小径

D_2—内螺纹中径　　　d_2—外螺纹中径

P—螺距

H—原始三角形高度，$H = \dfrac{\sqrt{3}}{2}P$

标记示例：

粗牙普通螺纹，大径为 16mm，螺距为 2mm，右旋，内螺纹公差带中径和顶径均为 6H，该螺纹标记为：M16-6H。

细牙普通螺纹，大径为 16mm，螺距为 1.5mm，左旋，外螺纹公差带中径为 5g、大径为 6g，该螺纹标记为：M16×1.5LH−5g6g。

附表6　　mm

公称直径 D、d		螺距 P		粗牙小径 D_1、d_1	公称直径 D、d		螺距 P		粗牙小径 D_1、d_1
第一系列	第二系列	粗牙	细牙		第一系列	第二系列	粗牙	细牙	
3		0.5	0.35	2.459	20		2.5	2；1.5；1；（0.75）；（0.5）	17.294
	3.5	（0.6）		2.850		22	2.5	2；1.5；1；（0.75）；（0.5）	19.294
4		0.7	0.5	3.242	24		3	2；1.5；1；（0.75）	20.752
5		0.8		4.134		27	3	2；1.5；1；（0.75）	23.752
6		1	0.75；（0.5）	4.917	30		3.5	（3）；2；1.5；1；（0.75）	26.211
8		1.25	1；0.75；（0.5）	6.647		33	3.5	（3）；2；1.5；（1）；（0.75）	29.211
10		1.5	1.25；1；0.75；（0.5）	8.376	36		4		31.670
12		1.75	1.5；1.25；1；（0.75）；（0.5）	10.106		39	4	3；2；1.5；（1）	34.670
	14	2	1.5；（1.25）；1；（0.75）；（0.5）	11.835	42		4.5		37.129
16		2	1.5；1；（0.75）；（0.5）	13.835		45	4.5	（4）；3；2；1.5；（1）	40.129
18		2.5	2；1.5；1；（0.75）；（0.5）	15.294	48		5		42.587

注：1. 优先选用第一系列，括号内的数尽量不用；

　　2. 第三系列未列入；

　　3. M14×1.25 仅用于火花塞。

3.2 非螺纹密封的管螺纹（Non-Screw-Sealed pipe thread）（摘自 GB/T 7307—2001）

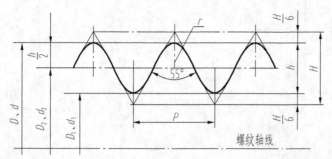

$H=0.960491P$

$h=0.640327P$

$r=0.137329P$

标记示例：

尺寸代号为 3/4、右旋、非螺纹密封的管螺纹，标记为：G3/4。

附表 7   mm

尺寸代号	每 25.4mm 内的牙数 n	螺距 P	基 本 尺 寸			尺寸代号	每 25.4mm 内的牙数 n	螺距 P	基 本 尺 寸		
			大径 D、d	中径 D_2、d_2	小径 D_1、d_1				大径 D、d	中径 D_2、d_2	小径 D_1、d_1
1/8	28	0.907	9.728	9.147	8.566	$1\frac{1}{4}$		2.309	41.910	40.431	38.952
1/4	19	1.337	13.157	12.301	11.445	$1\frac{1}{2}$		2.309	47.303	46.324	44.845
3/8		1.337	16.662	15.806	14.950	$1\frac{3}{4}$		2.309	53.746	52.267	50.788
1/2	14	1.814	20.955	19.793	18.631	2	11	2.309	59.614	58.135	56.656
5/8		1.814	22.911	21.749	20.587	$2\frac{1}{4}$		2.309	65.710	64.231	62.752
3/4		1.814	26.441	25.279	24.117	$2\frac{1}{2}$		2.309	75.148	73.705	72.226
7/8		1.814	30.201	29.039	27.877	$2\frac{3}{4}$		2.309	81.534	80.055	78.576
1	11	2.309	33.249	31.770	30.291	3		2.309	87.884	86.405	84.926
$1\frac{1}{8}$		2.309	37.897	36.418	34.939	$3\frac{1}{2}$		2.309	100.330	98.851	97.372

3.3 用螺纹密封的管螺纹（Screw-Sealed pipe thread）（摘自 GB/T 7306.1—2000 和 GB/T 7306.2—2000）

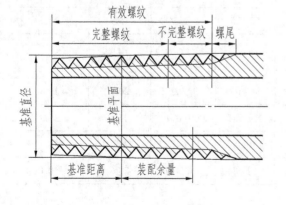

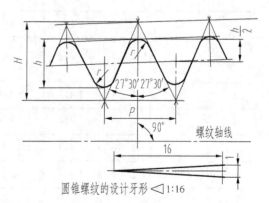

圆锥螺纹的设计牙形 ◁1:16

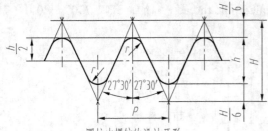

圆柱内螺纹的设计牙形

标记示例：

GB/T 7306.1—2000

尺寸代号 3，右旋，圆锥外螺纹：R1 3

尺寸代号 3/4，左旋，圆柱内螺纹：RP 3/4 LH

GB/T 7306.2—2000

尺寸代号 3/4，右旋，圆锥内螺纹：Rc 3/4

尺寸代号 3，右旋，圆锥外螺纹：R2 3

附表 8   mm

尺寸代号	每 25.4mm 内所含的牙数 n	螺距 P/mm	牙高 h/mm	基准平面内的基本直径			基准距离（基本）/mm	外螺纹的有效螺纹不小于 /mm
				大径（基准直径） $d=D$/mm	中径 $d_2=D_2$/mm	小径 $d_1=D_1$/mm		
1/16	28	0.907	0.581	7.723	7.142	6.561	4	6.5
1/8	28	0.907	0.581	9.728	9.147	8.566	4	6.5
1/4	19	1.337	0.856	13.157	12.301	11.445	6	9.7
3/8	19	1.337	0.856	16.662	15.806	14.950	6.4	10.1
1/2	14	1.814	1.162	20.955	19.793	18.631	8.2	13.2
3/4	14	1.814	1.162	26.441	25.279	24.117	9.5	14.5
1	11	2.309	1.479	33.249	31.770	30.291	10.4	16.8
$1\frac{1}{4}$	11	2.309	1.479	41.910	40.431	38.952	12.7	19.1
$1\frac{1}{2}$	11	2.309	1.479	47.803	46.324	44.845	12.7	19.1
2	11	2.309	1.479	59.614	58.135	56.656	15.9	23.4
$2\frac{1}{2}$	11	2.309	1.479	75.184	73.705	72.226	17.5	26.7
3	11	2.309	1.479	87.884	86.405	84.926	20.6	29.8
4	11	2.309	1.479	113.030	111.551	110.072	25.4	35.8
5	11	2.309	1.479	138.430	136.951	135.472	28.6	40.1
6	11	2.309	1.479	163.830	162.351	160.872	28.6	40.1

3.4 梯形螺纹的基本尺寸（Trapezoidal Thread）（摘自 GB/T 5796.3－2005）

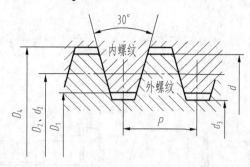

附表9

公称直径 d		螺距	中径	大径	小径		公称直径 d		螺距	中径	大径	小径	
第一系列	第二系列	P	$d_2=D_2$	D_4	d_3	D_1	第一系列	第二系列	P	$d_2=D_2$	D_4	d_3	D_1
8		1.5	7.25	8.30	6.20	6.50			3	24.50	26.50	22.50	23.00
	9	1.5	8.25	9.30	7.20	7.50		26	5	23.50	26.50	20.50	21.00
		2	8.00	9.50	6.50	7.00			8	22.00	27.00	17.00	18.00
10		1.5	9.25	10.30	8.20	8.50			3	26.50	28.50	24.50	25.00
		2	9.00	10.50	7.50	8.00	28		5	25.50	28.50	22.50	23.00
	11	2	10.00	11.50	8.50	9.00			8	24.00	29.00	19.00	20.00
		3	9.50	11.50	7.50	8.00			3	28.50	30.50	26.50	27.00
12		2	11.00	12.50	9.50	10.00		30	6	27.00	31.00	23.00	24.00
		3	10.50	12.50	8.50	9.00			10	25.00	31.00	19.00	20.00
	14	2	13.00	14.50	11.50	12.00			3	30.50	32.50	28.50	29.00
		3	12.50	14.50	10.50	11.00	32		6	29.00	33.00	25.00	26.00
16		2	15.00	16.50	13.50	14.00			10	27.00	33.00	21.00	22.00
		4	14.00	16.50	11.50	12.00			3	32.50	34.50	30.50	31.00
	18	2	17.00	18.50	15.50	16.00		34	6	31.00	35.00	27.00	28.00
		4	16.00	18.50	13.50	14.00			10	29.00	35.00	23.00	24.00
20		2	19.00	20.50	17.50	18.00			3	34.50	36.50	32.50	33.00
		4	18.00	20.50	15.50	16.00	36		6	33.00	37.00	29.00	30.00
		3	20.50	22.50	18.50	19.00			10	31.00	37.00	25.00	26.00
	22	5	19.50	22.50	16.50	17.00			3	36.50	38.50	34.50	35.00
		8	18.00	23.00	13.00	14.00		38	7	34.50	39.00	30.00	31.00
24		3	22.50	24.50	20.50	21.00			10	33.00	39.00	27.00	28.00
		5	21.50	24.50	18.50	19.00			3	38.50	40.50	36.50	37.00
		8	20.00	25.00	15.00	16.00	40		7	36.50	41.00	32.00	33.00
									10	35.00	41.00	29.00	30.00

4. 常用螺纹紧固件（Commonly used Screw fasteners）

4.1 螺栓（Bolt）

六角头螺栓—A 和 B 级（GB/T 5780—2000）六角头螺栓—全螺纹—A 和 B 级（GB/T 5782—2000）

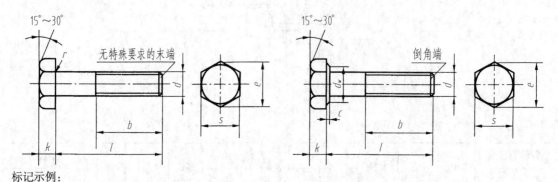

标记示例：

螺纹规格 d=M12，公称长度 l=80mm，A 级的六角头螺栓，标记为：螺栓 GB/T5782 M12×80。

附表 10   mm

螺纹规格 d			M3	M4	M5	M6	M8	M10	M12	M16	M20	M24	M30
b 参考	$l \leq 125$		12	14	16	18	22	26	30	38	46	54	66
	$125 < l \leq 200$		18	20	22	24	28	32	36	44	52	60	72
	$l \leq 200$		31	33	35	37	41	45	49	57	65	73	85
c			0.4	0.4	0.5	0.5	0.6	0.6	0.6	0.8	0.8	0.8	0.8
d_w	产品等级	A	4.57	5.88	6.88	8.88	11.63	14.63	16.63	22.49	28.19	33.61	—
		B	4.45	5.74	6.74	8.74	11.47	14.47	16.47	22	27.7	33.25	42.75
e	产品等级	A	6.01	7.66	8.79	11.05	14.38	17.77	20.03	26.75	33.53	39.98	—
		B	5.88	7.50	8.63	10.89	14.20	17.59	19.85	26.17	32.95	39.55	50.85
k 公称			2	2.8	3.5	4	5.3	6.4	7.5	10	12.5	15	18.7
r			0.1	0.2	0.2	0.25	0.4	0.4	0.6	0.6	0.8	0.8	1
s 公称			5.5	7	8	10	13	16	18	24	30	36	46
l（商品规格范围）			20~30	25~40	25~50	30~60	40~80	45~100	50~120	65~160	80~200	90~240	110~300
l 系列			12，16，20，25，30，35，40，45，50，55，60，65，70，80，90，100，120，130，140，150，160，180，200，220，240，260，280，300，320，340，360										

注：1. A 级用于 $d \leq 24$ 和 $l \leq 10$ 或 $d \leq 150$ 的螺栓；

B 级用于 $d > 24$ 和 $l > 10$ 或 $d > 150$ 的螺栓。

2. 螺纹规格 d 范围 GB/T 5780 为 M5~M64；GB/T 5782 为 M1.6~M64。

3. 公称长度 l 范围 GB/T 5780 为 25~500；GB/T 5782 为 12~500。

4.2 双头螺柱（Stud）

$b_\mathrm{m}=1d$（GB/T 897—1988），$b_\mathrm{m}=1.25d$（GB/T 898—1988），$b_\mathrm{m}=1.5d$（GB/T 899—1988），$b_\mathrm{m}=2d$（GB/T 900—1988）

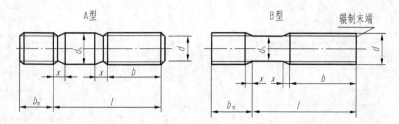

标记示例：

1. 两端均为粗牙普通螺纹，d=10mm，l=50mm，B 型，$b_\mathrm{m}=1d$，标记为：螺柱 GB/T897M10×50。

2. 旋入端为粗牙普通螺纹，旋螺母端为细牙普通螺纹（P=1），d=10mm，l=50mm，A 型，$b_\mathrm{m}=1d$，标记为：螺柱 GB/T 897 AM10－M10×1×50。

附表 11   mm

螺纹规格	bm				l/b
	GB 897—1988	GB 898—1988	GB 897—1988		
	$b_\mathrm{m}=1d$	$b_\mathrm{m}=1.25d$	$b_\mathrm{m}=1.5d$	$b_\mathrm{m}=2d$	
M5	5	6	8	10	16~22/10, 23~50/16
M6	6	8	10	12	18~22/10, 23~30/14, 32~75/18
M8	8	10	12	16	18~22/12, 23~30/16, 32~90/22
M10	10	12	15	20	25~28/14, 30~38/16, 40~120/26, 130/32
M12	12	15	18	24	25~30/16, 32~40/20, 45~120/30, 130~180/36
（M14）	14		21	28	30~35/18, 38~50/25, 55~120/34, 130~180/40
M16	16	20	24	32	30~38/20, 40~60/30, 65~120/38, 130~200/44
（M18）	18		27	36	35~410/22, 45~60/35, 65~120/42, 130~200/48
M20	20	25	30	40	35~40/25, 45~65/35, 70~120/46, 130~200/52
（M22）	22		33	44	40~55/30, 50~70/40, 75~120/50, 130~200/56
M24	24	30	36	48	45~50/30, 55~75/45, 80~120/54, 130~200/60
（M27）	27		40	54	50~60/35, 65~85/50, 90~120/60, 130~200/66
M30	30	38	45	60	60~65/40, 70~90/50, 95~120/66, 130~200/72
（M33）	33		49	66	65~70/45, 75~95/60, 100~120/72, 130~200/78
M36	36	45	54	72	65~75/45, 80~120/60, 130~200/84, 210~300/97
（M39）	39		58	78	70~80/50, 85~120/65, 130~200/90, 210~300/103
M42	42	52	64	84	70~80/50, 85~120/70, 130~200/96, 210~300/109
M48	48	60	72	96	75~90/60, 95~120/80, 130~200/108, 210~300/121
l（系列）	16，（18），20，（22），25，（28），30，（32），35，（38），40，45，50，（55），60，（65），70，（75），80，（85），90，（95），100，110，120，130，140，150，160，170，180，190，200，210，220，230，240，250，260，270，280，290，300				

注：1. 尽可能不采用括号内的规格；

    2. P——粗牙螺纹的螺距。

4.3 螺钉（Screw）

4.3.1 内六角圆柱头螺钉（摘自 GB/T 70.1—2008）

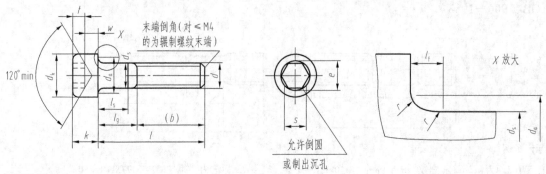

标记示例：

螺纹规格 d = M5、公称长度 l = 20 mm、性能等级为 8.8 级、表面氧化的 A 级内六角圆柱头螺钉：

螺钉 GB/T 70.1 M5 × 20

附表 12　　　　　　　　　　　　　　　　　　　　　　　　　　　　　　mm

螺纹规格 d		M3	M4	M5	M6	M8	M10	M12	M16	M20	M24
螺距 P		0.5	0.7	0.8	1	1.25	1.5	1.75	2	2.5	3
b 参考		18	20	22	24	28	32	36	44	52	60
d_k	max	5.50	7.00	8.50	10.00	13.00	16.00	18.00	24.00	30.00	36.00
	min	5.32	6.78	8.28	9.78	12.73	15.73	17.73	23.67	29.67	35.61
d_a	max	3.6	4.7	5.7	6.8	9.2	11.2	13.7	17.7	22.4	26.4
d_s	max	3.00	4.00	5.00	6.00	8.00	10.00	12.00	16.00	20.00	24.00
	min	2.86	3.82	4.82	5.82	7.78	9.78	11.73	15.73	19.67	23.67
e	min	2.87	3.44	4.58	5.72	6.86	9.15	11.43	16	19.44	21.73
l_f	max	0.51	0.6	0.6	0.68	1.02	1.02	1.45	1.45	2.04	2.04
k	max	3.00	4.00	5.00	6.0	8.00	10.00	12.00	16.00	20.00	24.00
	min	2.86	3.82	4.82	5.7	7.64	9.64	11.57	15.57	19.48	23.48
r	min	0.1	0.2	0.2	0.25	0.4	0.4	0.6	0.6	0.8	0.8
s	公称	2.5	3	4	5	6	8	10	14	17	19
	max	2.58	3.080	4.095	5.140	6.140	8.175	10.175	14.212	17.23	19.275
	min	2.52	3.020	4.020	5.020	6.020	8.025	10.025	14.032	17.05	19.065
t_{min}		1.3	2	2.5	3	4	5	6	8	10	12
w_{min}		1.15	1.4	1.9	2.3	3.3	4	4.8	6.8	8.6	10.4
l（商品规格范围）		5～30	6～40	8～50	10～60	12～80	16～100	20～120	25～160	30～200	40～200
$l \leqslant$ 表中数值时，螺纹制到距头部 3P 以内		20	25	25	30	35	40	50	60	70	80
l（系列）		5, 6, 8, 10, 12, 16, 20, 25, 30, 35, 40, 45, 50, 55, 60, 65, 70, 80, 90, 100, 110, 120, 130, 140, 150, 160, 180, 200									

注：1. l_g 与 l_s 表中未列出。

　　2. s_{max} 用于除 12.9 级外的其他性能等级。

　　3. d_{kmax} 只列出光滑头部数据，滚花头部数据未列出。

4.3.2　开槽沉头螺钉和开槽半沉头螺钉（摘自 GB/T 68—2000 和 GB/T 69—2000）

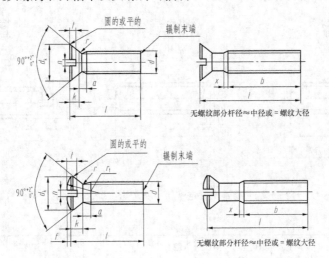

标记示例：

螺纹规格 d = M5、公称长度 l = 20mm、性能等级为 4.8 级、不经表面处理的 A 级开槽沉头螺钉：

螺钉 GB/T 68 M5×20

附表 13　　mm

螺纹规格 d			M1.6	M2	M2.5	M3	M4	M5	M6	M8	M10
螺距 P			0.35	0.4	0.45	0.5	0.7	0.8	1	1.25	1.5
a		max	0.7	0.8	0.9	1	1.4	1.6	2	2.5	3
b		min	25					38			
d_k	理论值	max	3.6	4.4	5.5	6.3	9.4	10.4	12.6	17.3	20
	实际值	公称 = max	3.0	3.8	4.7	5.5	8.40	9.30	11.30	15.80	18.30
		min	2.7	3.5	4.4	5.2	8.04	8.94	10.87	15.37	17.78
k		公称 = max	1	1.2	1.5	1.65	2.7	2.7	3.3	4.65	5
n		公称	0.4	0.5	0.6	0.8	1.2	1.2	1.6	2	2.5
		min	0.46	0.56	0.66	0.86	1.26	1.26	1.66	2.06	2.56
		max	0.60	0.70	0.80	1.00	1.51	1.51	1.91	2.31	2.81
r		max	0.4	0.5	0.6	0.8	1	1.3	1.5	2	2.5
x		max	0.9	1	1.1	1.25	1.75	2	2.5	3.2	3.8
f		≈	0.4	0.5	0.6	0.7	1	1.2	1.4	2	2.3
r_f		≈	3	4	5	6	9.5	9.5	12	16.5	19.5
t	max	GB/T 68—2000	0.50	0.6	0.75	0.85	1.3	1.4	1.6	2.3	2.6
		GB/T 69—2000	0.80	1.0	1.2	1.45	1.9	2.4	2.8	3.7	4.4
	min	GB/T 68—2000	0.32	0.4	0.50	0.60	1.0	1.1	1.2	1.8	2.0
		GB/T 69—2000	0.64	0.8	1.0	1.20	1.6	2.0	2.4	3.2	3.8
l（商品规格范围公称长度）			2.5～16	3～20	4～25	5～30	6～40	8～50	8～60	10～80	12～80
l（系列）			2.5、3、4、5、6、8、10、12、（14）、16、20、25、30、35、40、45、50、（55）、60、（65）、70、（75）、80								

注：1. 公称长度 l≤30mm，而螺纹规格 d 在 M1.6～M3 的螺钉，应制出全螺纹；公称长度 l≤45mm，而螺纹规格在 M4～M10 的螺钉也应制出全螺纹 $[b=l-(k+a)]$。

2. 尽可能不采用括号内的规格。

4.4 紧定螺钉（Set screw）

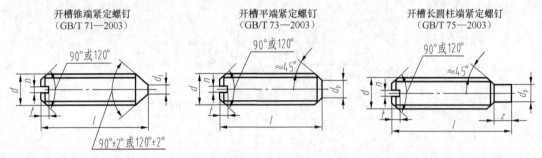

开槽锥端紧定螺钉（GB/T 71—2003）　开槽平端紧定螺钉（GB/T 73—2003）　开槽长圆柱端紧定螺钉（GB/T 75—2003）

标记示例：

螺纹规格 d=M5，公称长度 l=12mm 的开槽锥端紧定螺钉，标记为：螺钉 GB/T 71 M5×12。

附表 14　　　　　　　　　　　　　　　　　　　　　　　　　　　　　　　　　　　　　　　mm

螺纹规格 d		M1.2	M1.6	M2	M2.5	M3	M4	M5	M6	M8	M10	M12
P	GB/T 71, GB/T 73	0.25	0.35	0.4	0.5	0.5	0.7	0.8	1	1.25	1.5	1.75
	GB/T 75	—										
d_t	GB/T 71	0.12	0.16	0.2	0.25	0.3	0.4	0.5	1.5	2	2.5	3
$d_{p\,max}$	GB/T 71, GB/T 73	0.6	0.8	1	1.5	2	2.5	3.5	4	5.5	7	8.5
	GB/T 75	—										
n 公称	GB/T 71, GB/T 73	0.2	0.25	0.25	0.4	0.4	0.6	0.8	1	1.2	1.6	2
	GB/T 75	—										
t_{min}	GB/T 71, GB/T 73	0.4	0.56	0.64	0.72	0.8	1.12	1.28	1.6	2	2.4	2.8
	GB/T 75	—										
z_{min}	GB/T 75	—	0.8	1	1.2	1.5	2	2.5	3	4	5	6
倒角和锥顶角	GB/T 71　120°	l=2	l≤2.5		l≤3		l≤4	l≤5	l≤6	l≤8	l≤10	l≤12
	GB/T 71　90°	l≥2.5	l≥3		l≥4		l≥5	l≥6	l≥8	l≥10	l≥12	l≥14
	GB/T 73　120°	—	l≤2	l≤2.5	l≤3		l≤4	l≤5	l≤6		l≤8	l≤10
	GB/T 73　90°	l≥2	l≥2.5	l≥3	l≥4		l≥5	l≥6	l≥8		l≥10	l≥12
	GB/T 75　120°		l≤2.5	l≤3	l≤4	l≤5	l≤6	l≤8	l≤10	l≤14	l≤16	l≤20
	GB/T 75　90°	—	l≥3	l≥4	l≥5	l≥6	l≥8	l≥10	l≥12	l≥16	l≥20	l≥25
l 公称	商品规格范围　GB/T 71	2～6	2～8	3～10	3～12	4～16	6～20	8～25	8～30	10～40	12～50	14～60
	商品规格范围　GB/T 73			2～10	2.5～12	13～16	4～20	5～25	6～30	8～40	10～50	12～60
	商品规格范围　GB/T 75	—	2.5～8	3～10	4～12	5～16	6～20	8～25	8～30	10～40	12～50	14～60
	系列值	2, 2.5, 3, 4, 5, 6, 8, 10, 12, (14), 16, 20, 25, 30, 35, 40, 45, 50, (55), 60										

4.5 螺母（Nut）

Ⅰ型六角螺母—A和B级（GB/T 6170—2000）。

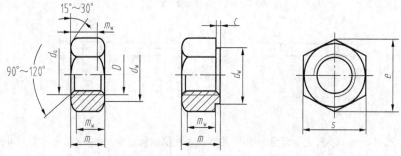

垫圈面型，应在订单中注明

标记示例：

螺纹规格 D = M12、性能等级为8级、不经表面处理、产品等级为A级的Ⅰ型六角螺母：

螺母 GB/T 6170 M12

附表15 　　　　　　　　　　　　　　　　　　　　　　　　　　　　　　　　　　　　　mm

螺纹规格 D		M1.6	M2	M2.5	M3	M4	M5	M6	M8	M10	M12
螺距 P		0.35	0.4	0.45	0.5	0.7	0.8	1	1.25	1.5	1.75
c max		0.2	0.2	0.3	0.4	0.4	0.5	0.5	0.6	0.6	0.6
d_a	max	1.84	2.3	2.9	3.45	4.6	5.75	6.75	8.75	10.8	13
	min	1.60	2.0	2.5	3.00	4.0	5.00	6.00	8.00	10.0	12
d_w	min	2.4	3.1	4.1	4.6	5.9	6.9	8.9	11.6	14.6	16.6
e	min	3.41	4.32	5.45	6.01	7.66	8.79	11.05	14.38	17.77	20.03
m	max	1.30	1.60	2.00	2.40	3.2	4.7	5.2	6.80	8.40	10.80
	min	1.05	1.35	1.75	2.15	2.9	4.4	4.9	6.44	8.04	10.37
m_w	min	0.8	1.1	1.4	1.7	2.3	3.5	3.9	5.2	6.4	8.3
s	公称=max	3.20	4.00	5.00	5.50	7.00	8.00	10.00	13.00	16.00	18.00
	min	3.02	3.82	4.82	5.32	6.78	7.78	9.78	12.73	15.73	17.73
螺纹规格 D		M16	M20	M24	M30	M36	M42	M48	M56	M64	
螺距 P		2	2.5	3	3.5	4	4.5	5	5.5	6	
c max		0.8	0.8	0.8	0.8	0.8	1.0	1.0	1.0	1.0	
d_a	max	17.3	21.6	25.9	32.4	38.9	45.4	51.8	60.5	69.1	
	min	16.0	20.0	24.0	30.0	36.0	42.0	48.0	56.0	64.0	
d_w	min	22.5	27.7	33.3	42.8	51.1	60	69.5	78.7	88.2	
e	min	26.75	32.95	39.55	50.85	60.79	72.02	82.6	93.56	104.86	
m	max	14.8	18.0	21.6	25.6	31.0	34.0	38.0	45.0	51.0	
	min	14.1	16.9	20.2	24.3	29.4	32.4	36.4	43.4	49.1	
m_w	min	11.3	13.5	16.2	19.4	23.5	25.9	29.1	34.7	39.3	
s	公称=max	24.00	30.00	36	46	55.0	65.0	75.0	85.0	95.0	
	min	23.67	29.16	35	45	53.8	63.1	73.1	82.8	92.8	

注：1. A级用于 $D \leqslant 16$ 的螺母；B级用于 $D > 16$ 的螺母。本表仅按优选的螺纹规格列出。

2. 螺纹规格为M8～M64、细牙、A级和B级的Ⅰ型六角螺母，请查阅GB/T 6171—2000。

4.6 垫圈（Washer）

4.6.1 小垫圈—A 级（GB/T 848—2002）、平垫圈—A 级（GB/T 97.1—2002）、平垫圈-倒角型—A 级（GB/T 97.2—2002）、平垫圈—C 级（GB/T 95—2002）

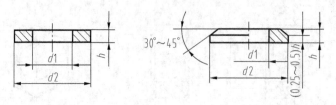

标记示例：

标准系列，公称尺寸 d=8mm，性能等级为 140HV 的 A 级平垫圈，标记为：垫圈 GB/T 97.1—140HV。

附表 16　　　　　　　　　　　　　　　　　　　　　　　　　　　　mm

公称尺寸（螺纹规格 d）		4	5	6	8	10	12	14	16	20	24	30	36
d_1 公称（min）	GB/T 848	4.3	5.3	6.4	8.4	10.5	13	15	17	21	25	31	37
	GB/T 97.1												
	GB/T 97.2	—											
	GB/T 95												
d_2 公称（max）	GB/T 848	8	9	11	15	18	20	24	28	34	39	50	60
	GB/T 97.1	9	10	12	16	20	24	28	30	37	44	56	66
	GB/T 97.2	—											
	GB/T 95												
h 公称（max）	GB/T 848	0.5	1		1.6		2		2.5		3	4	5
	GB/T 97.1	0.8											
	GB/T 97.2	—			1.6		2		2.5		3		
	GB/T 95												

4.6.2 标准弹簧垫圈（Standard Helical Spring Lockwasher）（GB/T 93—1987）

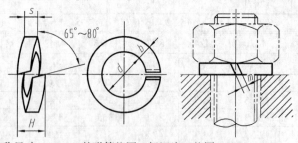

标记示例：标准系列，公称尺寸 d=16mm 的弹簧垫圈，标记为：垫圈　GB/T 93 16。

附表 17　　　　　　　　　　　　　　　　　　　　　　　　　　　　mm

公称尺寸（螺纹规格 d）	2	2.5	3	4	5	6	8	10	12	16	20	24	30	36	42	48
d_{min}	2.1	2.6	3.1	4.1	5.1	6.1	8.1	10.2	12.2	16.2	20.2	24.5	30.5	36.5	42.5	48.5
s（b）公称	0.5	0.65	0.8	1.1	1.3	1.6	2.1	2.6	3.1	4.1	5	6	7.5	9	10.5	12
H_{max}	1	1.3	1.6	2.2	2.6	3.2	4.2	5.2	6.2	8.2	10	12	15	18	21	24
$m \leqslant$	0.25	0.33	0.4	0.55	0.65	0.8	1.05	1.3	1.55	2.05	2.5	3	3.75	4.5	5.25	6

5. 极限与配合（Limits and Fits）

5.1 标准公差数值（Standard tolerance）（摘自 GB/T 1800.3—1998）

附表 18

基本尺寸 （mm/）		标准公差等级																			
大于	至	IT01	IT0	IT1	IT2	IT3	IT4	IT5	IT6	IT7	IT8	IT9	IT10	IT11	IT12	IT13	IT14	IT15	IT16	IT17	IT18
		μm													mm						
—	3	0.3	0.5	0.8	1.2	2	3	4	6	10	14	25	40	60	0.1	0.14	0.25	0.4	0.6	1	1.4
3	6	0.4	0.6	1	1.5	2.5	4	5	8	12	18	30	48	75	0.12	0.18	0.3	0.48	0.75	1.2	1.8
6	10	0.4	0.6	1	1.5	2.5	4	6	9	15	22	36	58	90	0.15	0.22	0.36	0.58	0.9	1.5	2.2
10	18	0.5	0.8	1.2	2	3	5	8	11	18	27	43	70	110	0.18	0.27	0.43	0.7	1.1	1.8	2.7
18	30	0.6	1	1.5	2.5	4	6	9	13	21	33	52	84	130	0.21	0.33	0.52	0.84	1.3	2.1	3.3
30	50	0.6	1	1.5	2.5	4	7	11	16	25	39	62	100	160	0.25	0.39	0.62	1	1.6	2.5	3.9
50	80	0.8	1.2	2	3	5	8	13	19	30	46	74	120	190	0.3	0.46	0.74	1.2	1.9	3	4.6
80	120	1	1.5	2.5	4	6	10	15	22	35	54	87	140	220	0.35	0.54	0.87	1.4	2.2	3.5	5.4
120	180	1.2	2	3.5	5	8	12	18	25	40	63	100	160	250	0.4	0.63	1	1.6	2.5	4	6.3
180	250	2	3	4.5	7	10	14	20	29	46	72	115	185	290	0.46	0.72	1.15	1.85	2.9	4.6	7.2
250	315	2.5	4	6	8	12	16	23	32	52	81	130	210	320	0.52	0.81	1.3	2.1	3.2	5.2	8.1
315	400	3	5	7	9	13	18	25	36	57	89	140	230	360	0.57	0.89	1.4	2.3	3.6	5.7	8.9
400	500	4	6	8	10	15	20	27	40	63	97	155	250	400	0.63	0.97	1.55	2.5	4	6.3	9.7
500	630	4.5	6	9	11	16	22	32	44	70	110	175	280	440	0.7	1.1	1.75	2.8	4.4	7	11
630	800	5	7	10	13	18	25	36	50	80	125	200	320	500	0.8	1.25	2	3.2	5	8	12.5
800	1000	5.5	8	11	15	21	28	40	56	90	140	230	360	560	0.9	1.4	2.3	3.6	5.6	9	14
1000	1250	6.5	9	13	18	24	33	47	66	105	165	260	420	660	1.05	1.65	2.6	4.2	6.6	10.5	16.5
1250	1600	8	11	15	21	29	39	55	78	125	195	310	500	780	1.25	1.95	3.1	5	7.8	12.5	19.5
1600	2000	9	13	18	25	35	46	65	92	150	230	370	600	920	1.5	2.3	3.7	6	9.2	15	23

注：基本尺寸小于 1mm 时，无 IT14～IT18。

5.2 基本偏差数值（Basic deviation）（摘自 GB/T 1800.1—2009）

附表 19　　　　　　　　　　　　　　　　　　　　　　　　　　　　　　　　　　　轴的基本偏差数值

基本尺寸/mm		基本偏差																
大于	至	上偏差 es												TI5和IT6	IT7	IT8	IT4至IT7	≤IT3 >IT7
		所有标准公差等级												j			k	
		a	b	c	cd	d	e	ef	f	fg	g	h	js					
—	3	−270	−140	−60	−34	−20	−14	−10	−6	−4	−2	0		−2	−4	−6	0	0
3	6	−270	−140	−70	−46	−30	−20	−14	−10	−6	−4	0		−2	−4		+1	0
6	10	−280	−150	−80	−56	−40	−25	−18	−13	−8	−5	0		−2	−5		+1	0
10	14	−290	−150	−95		−50	−32		−16		−6	0		−3	−6		+1	0
14	18																	
18	24	−300	−160	−110		−65	−40		−20		−7	0		−4	−8		+2	0
24	30																	
30	40	−310	−170	−120		−80	−50		−25		−9	0		−5	−10		+2	0
40	50	−320	−180	−130														
50	65	−340	−190	−140		−100	−60		−30		−10	0		−7	−12		+2	0
65	80	−360	−200	−150														
80	100	−380	−220	−170		−120	−72		−36		−12	0		−9	−15		+3	0
100	120	−410	−240	−180														
120	140	−460	−260	−200		−145	−85		−43		−14	0		−11	−18		+3	0
140	160	−520	−280	−210														
160	180	−580	−310	−230														
180	200	−660	−340	−240		−170	−100		−50		−15	0	偏差=±$\dfrac{ITn}{2}$，式中 ITn 是 IT 倍数	−13	−21		+4	0
200	225	−740	−380	−260														
225	250	−820	−420	−280														
250	280	−920	−480	−300		−190	−110		−56		−17	0		−16	−26		+4	0
280	315	−1 050	−540	−330														
315	355	−1 200	−600	−360		−210	−125		−62		−18	0		−18	−28		+4	0
355	400	−1 350	−680	−400														
400	450	−1 500	−760	−440		−230	−135		−68		−20	0		−20	−32		+5	0
450	500	−1 650	−840	−480														
500	560					−260	−145		−76		−22	0					0	0
560	630																	
630	710					−290	−160		−80		−24	0					0	0
710	800																	
800	900					−320	−170		−86		−26	0					0	0
900	1 000																	
1 000	1 120					−350	−195		−98		−28	0					0	0
1 120	1 250																	
1 250	1 400					−390	−220		−110		−30	0					0	0
1 400	1 600																	
1 600	1 800					−430	−240		−120		−32	0					0	0
1 800	2 000																	
2 000	2 240					−480	−260		−130		−34	0					0	0
2 240	2 500																	
2 500	2 800					−520	−290		−145		−38	0					0	0
2 800	3 150																	

注：1. 基本尺寸小于或等于 1mm 时，基本偏差 a 和 b 均不采用。

　　2. 公差带 js 7～js11，若 ITn 值数是奇数，则取偏差 $= \pm\dfrac{ITn-1}{2}$。

（摘自 GB/T 1800.1—2009）

数值/μm

下偏差 ei

所有标准公差等级

m	n	p	r	s	t	u	v	x	y	z	za	zb	zc
+2	+4	+6	+10	+14		+18		+20		+26	+32	+40	+60
+4	+8	+12	+15	+19		+23		+28		+35	+42	+50	+80
+6	+10	+15	+19	+23		+28		+34		+42	+52	+67	+97
+7	+12	+18	+23	+28		+33		+40		+50	+64	+90	+130
						+39		+45		+60	+77	+108	+150
+8	+15	+22	+28	+35		+41	+47	+54	+63	+73	+98	+136	+188
					+41	+48	+55	+64	+75	+88	+118	+160	+218
+9	+17	+26	+34	+43	+48	+60	+68	+80	+94	+112	+148	+200	+274
					+54	+70	+81	+97	+114	+136	+180	+242	+325
+11	+20	+32	+41	+53	+66	+87	+102	+122	+144	+172	+226	+300	+405
			+43	+59	+75	+102	+120	+146	+174	+210	+274	+360	+480
+13	+23	+37	+51	+71	+91	+124	+146	+178	+214	+258	+335	+445	+585
			+54	+79	+104	+144	+172	+210	+254	+310	+400	+525	+690
			+63	+92	+122	+170	+202	+248	+300	+365	+470	+620	+800
+15	+27	+43	+65	+100	+134	+190	+228	+280	+340	+415	+535	+700	+900
			+68	+108	+146	+210	+252	+310	+380	+465	+600	+780	+1 000
			+77	+122	+166	+236	+284	+350	+425	+520	+670	+880	+1 150
+17	+31	+50	+80	+130	+180	+258	+310	+385	+470	+575	+740	+960	+1 250
			+84	+140	+196	+284	+340	+425	+520	+640	+820	+1 050	+1 350
			+94	+158	+218	+315	+385	+475	+580	+710	+920	+1 200	+1 550
+20	+34	+56	+98	+170	+240	+350	+425	+525	+650	+790	+1 000	+1 300	+1 700
			+108	+190	+268	+390	+475	+590	+730	+900	+1 150	+1 500	+1 900
+21	+37	+62	+114	+208	+294	+435	+530	+660	+820	+1 000	+1 300	+1 650	+2 100
			+126	+232	+330	+490	+595	+740	+920	+1 100	+1 450	+1 850	+2 400
+23	+40	+68	+132	+252	+360	+540	+660	+820	+1 000	+1 250	+1 600	+2 100	+2 600
+26	+44	+78	+150	+280	+400	+600							
			+155	+310	+450	+660							
+30	+50	+88	+175	+340	+500	+740							
			+185	+380	+560	+840							
+34	+56	+100	+210	+430	+620	+940							
			+220	+470	+680	+1 050							
+40	+66	+120	+250	+520	+780	+1 150							
			+260	+580	+840	+1 300							
+48	+78	+140	+300	+640	+960	+1 450							
			+330	+720	+1 050	+1 600							
+58	+92	+170	+370	+820	+1 200	+1 850							
			+400	+920	+1 350	+2 000							
+68	+110	+195	+440	+1 000	+1 500	+2 300							
			+460	+1 100	+1 650	+2 500							
+76	+135	+240	+550	+1 250	+1 900	+2 900							
			+580	+1 400	+2 100	+3 200							

附表 20   孔的基本偏差数值

基本偏差

下偏差 E1（所有标准公差等级）；J 列 IT6、IT7、IT8；K、M、N 列分 ≤IT8、>IT8

基本尺寸 mm 大于	至	A	B	C	CD	D	E	EF	F	FG	G	H	JS	J IT6	J IT7	J IT8	K ≤IT8	K >IT8	M ≤IT8	M >IT8	N ≤IT8	N >IT8
—	3	+270	140	+60	+34	+20	+14	+10	+6	+4	+2	0		+2	+4	+6	0	0	−2	−2	−4	−4
3	6	+270	+140	+70	+46	+30	+20	+14	+10	+6	+4	0		+5	+6	+10	−1+Δ		−4+Δ	−4	−8+Δ	0
6	10	+280	+150	+80	+56	+40	+25	+18	+13	+8	+5	0		+5	+8	+12	−1+Δ		−6+Δ	−6	−10+Δ	0
10	14	+290	+150	+95		+50	+32		+16		+6	0		+6	+10	+15	−1+Δ		−7+Δ	−7	−12+Δ	0
14	18	+290	+150	+95		+50	+32		+16		+6	0		+6	+10	+15	−1+Δ		−7+Δ	−7	−12+Δ	0
18	24	+300	+160	+110		+65	+40		+20		+7	0		+8	+12	+20	−2+Δ		−8+Δ	−8	−15+Δ	0
24	30	+300	+160	+110		+65	+40		+20		+7	0		+8	+12	+20	−2+Δ		−8+Δ	−8	−15+Δ	0
30	40	+310	+170	+120		+80	+50		+25		+9	0		+10	+14	+24	−2+Δ		−9+Δ	−9	−17+Δ	0
40	50	+320	+180	+130		+80	+50		+25		+9	0		+10	+14	+24	−2+Δ		−9+Δ	−9	−17+Δ	0
50	65	+340	+190	+140		+100	+60		+30		+10	0		+13	+18	+28	−2+Δ		−11+Δ	−11	−20+Δ	0
65	80	+340	+200	+150		+100	+60		+30		+10	0		+13	+18	+28	−2+Δ		−11+Δ	−11	−20+Δ	0
80	100	+380	+220	+170		+120	+72		+36		+12	0		+16	+22	+34	−3+Δ		−13+Δ	−13	−23+Δ	0
100	120	+410	+240	+180		+120	+72		+36		+12	0		+16	+22	+34	−3+Δ		−13+Δ	−13	−23+Δ	0
120	140	+460	+260	+200		+145	+85		+43		+14	0	偏差=±$\frac{\text{IT}n}{2}$，式中 ITn 是 IT 值数	+18	+26	+41	−3+Δ		−15+Δ	−15	−27+Δ	0
140	160	+520	+280	+210		+145	+85		+43		+14	0		+18	+26	+41	−3+Δ		−15+Δ	−15	−27+Δ	0
160	180	+580	+310	+230		+145	+85		+43		+14	0		+18	+26	+41	−3+Δ		−15+Δ	−15	−27+Δ	0
180	200	+660	+310	+240		+170	+100		+50		+15	0		+22	+30	+47	−4+Δ		−17+Δ	−17	−31+Δ	0
200	225	+740	+380	+260		+170	+100		+50		+15	0		+22	+30	+47	−4+Δ		−17+Δ	−17	−31+Δ	0
225	250	+820	+420	+280		+170	+100		+50		+15	0		+22	+30	+47	−4+Δ		−17+Δ	−17	−31+Δ	0
250	280	+920	+480	+300		+190	+110		+56		+17	0		+25	+36	+55	−4+Δ		−20+Δ	−20	−34+Δ	0
280	315	+1 050	+540	+330		+190	+110		+56		+17	0		+25	+36	+55	−4+Δ		−20+Δ	−20	−34+Δ	0
315	355	+1 200	+600	+360		+210	+125		+62		+18	0		+29	+39	+60	−4+Δ		−21+Δ	−21	−37+Δ	0
355	400	+1 350	+680	+400		+210	+125		+62		+18	0		+29	+39	+60	−4+Δ		−21+Δ	−21	−37+Δ	0
400	450	+1 500	+760	+440		+230	+135		+68		+20	0		+33	+43	+66	−5+Δ		−23+Δ	−23	−40+Δ	0
450	500	+1 650	+840	+480		+230	+135		+68		+20	0		+33	+43	+66	−5+Δ		−23+Δ	−23	−40+Δ	0
500	560					+260	+145		+76		+22	0						0		−26		−44
560	630					+260	+145		+76		+22	0						0		−26		−44
630	710					+290	+160		+80		+24	0						0		−30		−50
710	800					+290	+160		+80		+24	0						0		−30		−50
800	900					+320	+170		+86		+26	0						0		−34		−56
900	1 000					+320	+170		+86		+26	0						0		−34		−56
1 000	1 120					+350	+195		+98		+28	0						0		−40		−65
1 120	1 250					+350	+195		+98		+28	0						0		−40		−65
1 250	1 400					+390	+220		+110		+30	0						0		−48		−78
1 400	1 600					+390	+220		+110		+30	0						0		−48		−78
1 600	1 800					+430	+240		+120		+32	0						0		−58		−92
1 800	2 000					+430	+240		+120		+32	0						0		−58		−92
2 000	2 240					+480	+260		+130		+34	0						0		−68		−110
2 240	2 500					+480	+260		+130		+34	0						0		−68		−110
2 500	2 800					+520	+290		+145		+38	0						0		−76		−135
2 800	3 150					+520	+290		+145		+38	0						0		−76		−135

注：1. 基本尺寸小于或等于 1mm 时，基本编差 A 和 B 及大于 IT8 的 N 均不采用。

2. 带 JS7 至 JS11，若 ITn 值数是奇数，则取偏差=±$\frac{\text{IT}n-1}{2}$。

3. 对小于或等于 IT8 的 K、M、N 和小于或等于 IT7 的 P 至 ZC，所需 Δ 值从表内右侧选取。

4. 特殊情况：250mm 至 315mm 段的 M6，ES=−9μm（代替−11μm）。

（摘自 GB/T 1800.1—2009）

P至ZC	P	R	S	T	U	V	X	Y	Z	ZA	ZB	ZC	IT3	IT4	IT5	IT6	IT7	IT8
≤IT7	标准公差等级大于 IT7 上偏差 ES 数值/μm												标准公差等级 Δ值μm					
−6	−10	−14		−18		−20		−26	−32	−40	−60		0	0	0	0	0	0
−12	−15	−19		−23		−28		−35	−42	−50	−80		1	1.5	1	3	4	6
−15	−19	−23		−28		−34		−42	−52	−67	−97		1	1.5	2	3	6	7
−18	−23	−28		−33		−40		−50	−64	−90	−130		1	2	3	3	7	9
					−39	−45		−60	−77	−108	−150							
−22	−28	−35		−41	−47	−54	−63	−73	−98	−136	−188		1.5	2	3	4	8	12
			−41	−48	−55	−64	−75	−88	−118	−160	−218							
−26	−34	−43	−48	−60	−68	−80	−94	−112	−148	−200	−274		1.5	3	4	5	9	14
			−54	−70	−81	−97	−114	−136	−180	−242	−325							
−32	−41	−53	−66	−87	−102	−122	−144	−172	−226	−300	−405		2	3	5	6	11	16
	−43	−59	−75	−102	−120	−146	−174	−210	−274	−360	−480							
−37	−51	−71	−91	−124	−146	−178	−214	−258	−335	−445	−585		2	4	5	7	13	19
	−54	−79	−104	−144	−172	−210	−254	−310	−400	−525	−690							
−43	−63	−92	−122	−170	−202	−248	−300	−365	−470	−620	−800		3	4	6	9	15	23
	−65	−100	−134	−190	−228	−280	−340	−415	−535	−700	−900							
	−68	−108	−146	−210	−252	−310	−380	−465	−600	−780	−1000							
−50	−77	−122	−166	−236	−284	−350	−425	−520	−670	−880	−1150		3	4	6	9	17	26
	−80	−130	−180	−258	−310	−385	−470	−575	−740	−960	−1250							
	−84	−140	−196	−284	−340	−425	−520	−640	−820	−1050	−1350							
−56	−94	−158	−218	−315	−385	−475	−580	−710	−920	−1200	−1550		4	4	7	9	20	29
	−98	−170	−240	−350	−425	−525	−650	−790	−1000	−1300	−1700							
−62	−108	−190	−268	−390	−475	−590	−730	−900	−1150	−1500	−1900		4	5	7	11	21	32
	−114	−208	−294	−435	−530	−660	−820	−1000	−1300	−1650	−2100							
−68	−126	−232	−330	−490	−595	−740	−920	−1100	−1450	−1850	−2400		5	5	7	13	23	34
	−132	−252	−360	−540	−660	−820	−1000	−1250	−1600	−2100	−2600							
−78	−150	−280	−400	−600														
	−155	−310	−450	−660														
−88	−175	−340	−500	−740														
	−185	−380	−560	−840														
−100	−210	−430	−620	−940														
	−220	−470	−680	−1 050														
−120	−250	−520	−780	−1 150														
	−260	−580	−810	−1 300														
−140	−300	−640	−960	−1 450														
	−330	−720	−1 050	−1 600														
−170	−370	−820	−1 200	−1 850														
	−400	−920	−1 350	−2 000														
−195	−440	−1 000	−1 500	−2 300														
	−460	−1 100	−1 650	−2 500														
−240	−550	−1 250	−1 900	−2 900														
	−580	−1 400	−2 100	−3 200														

注（≤IT7 P至ZC 列）：在大于 IT7 的相应数值上增加一个 Δ 值

5.3 优先配合中轴的极限偏差（Limit Deviation of shaft for Preferential Fits）（摘自 GB/T 1800.4—1999）

附表 21   μm

基本尺寸(mm) 大于	至	c 11	d 9	f 7	f 8	g 6	g 7	h 6	h 7	h 8	h 9	h 11	k 6	k 7	n 6	p 6	s 6	u 6
—	3	-60/-120	-20/-45	-6/-16	-6/-20	-2/-8	-2/-12	0/-6	0/-10	0/-14	0/-25	0/-60	+6/0	+10/0	+10/+4	+12/+6	+20/+14	+24/+18
3	6	-70/-145	-30/-60	-10/-22	-10/-28	-4/-12	-4/-16	0/-8	0/-12	0/-18	0/-30	0/-75	+9/+1	+13/+1	+16/+8	+20/+12	+27/+19	+31/+23
6	10	-80/-170	-40/-76	-13/-28	-13/-35	-5/-14	-5/-20	0/-9	0/-15	0/-22	0/-36	0/-90	+10/+1	+16/+1	+19/+10	+24/+15	+32/+23	+37/+28
10	14	-95/-205	-50/-93	-16/-34	-16/-43	-6/-17	-6/-24	0/-11	0/-18	0/-27	0/-43	0/-110	+12/+1	+19/+1	+23/+12	+29/+18	+39/+28	+44/+33
14	18	-95/-205	-50/-93	-16/-34	-16/-43	-6/-17	-6/-24	0/-11	0/-18	0/-27	0/-43	0/-110	+12/+1	+19/+1	+23/+12	+29/+18	+39/+28	+44/+33
18	24	-110/-240	-65/-117	-20/-41	-20/-53	-7/-20	-7/-28	0/-13	0/-21	0/-33	0/-52	0/-130	+15/+2	+23/+2	+28/+15	+35/+22	+48/+35	+54/+41
24	30	-110/-240	-65/-117	-20/-41	-20/-53	-7/-20	-7/-28	0/-13	0/-21	0/-33	0/-52	0/-130	+15/+2	+23/+2	+28/+15	+35/+22	+48/+35	+61/+48
30	40	-120/-280	-80/-142	-25/-50	-25/-64	-9/-25	-9/-34	0/-16	0/-25	0/-39	0/-62	0/-160	+18/+2	+27/+2	+33/+17	+42/+26	+59/+43	+76/+60
40	50	-130/-290	-80/-142	-25/-50	-25/-64	-9/-25	-9/-34	0/-16	0/-25	0/-39	0/-62	0/-160	+18/+2	+27/+2	+33/+17	+42/+26	+59/+43	+86/+70
50	65	-140/-330	-100/-174	-30/-60	-30/-76	-10/-29	-10/-40	0/-19	0/-30	0/-46	0/-74	0/-190	+21/+2	+32/+2	+39/+20	+51/+32	+72/+53	+106/+87
65	80	-150/-340	-100/-174	-30/-60	-30/-76	-10/-29	-10/-40	0/-19	0/-30	0/-46	0/-74	0/-190	+21/+2	+32/+2	+39/+20	+51/+32	+78/+59	+121/+102
80	100	-170/-390	-120/-207	-36/-71	-36/-90	-12/-34	-12/-47	0/-22	0/-35	0/-54	0/-87	0/-220	+25/+3	+38/+3	+45/+23	+59/+37	+93/+71	+146/+124
100	120	-180/-400	-120/-207	-36/-71	-36/-90	-12/-34	-12/-47	0/-22	0/-35	0/-54	0/-87	0/-220	+25/+3	+38/+3	+45/+23	+59/+37	+101/+79	+166/+144
120	140	-200/-450	-145/-245	-43/-83	-43/-106	-14/-39	-14/-54	0/-25	0/-40	0/-63	0/-100	0/-250	+28/+3	+43/+3	+52/+27	+68/+43	+117/+92	+195/+170
140	160	-210/-460	-145/-245	-43/-83	-43/-106	-14/-39	-14/-54	0/-25	0/-40	0/-63	0/-100	0/-250	+28/+3	+43/+3	+52/+27	+68/+43	+125/+100	+215/+190
160	180	-230/-480	-145/-245	-43/-83	-43/-106	-14/-39	-14/-54	0/-25	0/-40	0/-63	0/-100	0/-250	+28/+3	+43/+3	+52/+27	+68/+43	+133/+108	+235/+210
180	200	-240/-530	-170/-285	-50/-96	-50/-122	-15/-44	-15/-61	0/-29	0/-46	0/-72	0/-115	0/-290	+33/+4	+50/+4	+60/+31	+79/+50	+151/+122	+265/+236
200	225	-260/-550	-170/-285	-50/-96	-50/-122	-15/-44	-15/-61	0/-29	0/-46	0/-72	0/-115	0/-290	+33/+4	+50/+4	+60/+31	+79/+50	+159/+130	+287/+258
225	250	-280/-570	-170/-285	-50/-96	-50/-122	-15/-44	-15/-61	0/-29	0/-46	0/-72	0/-115	0/-290	+33/+4	+50/+4	+60/+31	+79/+50	+169/+140	+313/+284
250	280	-300/-620	-190/-320	-56/-108	-56/-137	-17/-49	-17/-69	0/-32	0/-52	0/-81	0/-130	0/-320	+36/+4	+56/+4	+66/+34	+88/+56	+190/+158	+347/+315
280	315	-330/-650	-190/-320	-56/-108	-56/-137	-17/-49	-17/-69	0/-32	0/-52	0/-81	0/-130	0/-320	+36/+4	+56/+4	+66/+34	+88/+56	+202/+170	+382/+350
315	355	-360/-720	-210/-350	-62/-119	-62/-151	-18/-54	-18/-75	0/-36	0/-57	0/-89	0/-140	0/-360	+40/+4	+61/+4	+73/+37	+98/+62	+226/+190	+426/+390
355	400	-400/-760	-210/-350	-62/-119	-62/-151	-18/-54	-18/-75	0/-36	0/-57	0/-89	0/-140	0/-360	+40/+4	+61/+4	+73/+37	+98/+62	+244/+208	+471/+435
400	450	-440/-840	-230/-385	-68/-131	-68/-165	-20/-60	-20/-83	0/-40	0/-63	0/-97	0/-155	0/-400	+45/+5	+68/+5	+80/+40	+108/+68	+272/+232	+530/+490
450	500	-480/-880	-230/-385	-68/-131	-68/-165	-20/-60	-20/-83	0/-40	0/-63	0/-97	0/-155	0/-400	+45/+5	+68/+5	+80/+40	+108/+68	+292/+252	+580/+540

5.4 优先配合中孔的极限偏差(Limit Deviation of hole for Preferential Fits)(摘自 GB/T 1800.4—1999)

附表 22 　　　　　　　　　　　　　　　　　　　　　　　　　　　　　　　　　　μm

基本尺寸(mm)		公差带												
		C	D	F	G	H				K	N	P	S	U
大于	至	11	9	8	7	7	8	9	11	7	7	7	7	7
—	3	+120 / +60	+45 / +20	+20 / +6	+12 / +2	+10 / 0	+14 / 0	+25 / 0	+60 / 0	0 / -10	-4 / -14	-6 / -16	-14 / -24	-18 / -28
3	6	+145 / +70	+60 / +30	+28 / +10	+16 / +4	+12 / 0	+18 / 0	+30 / 0	+75 / 0	+3 / -9	-4 / -16	-8 / -20	-15 / -27	-19 / -31
6	10	+170 / +80	+76 / +40	+35 / +13	+20 / +5	+15 / 0	+22 / 0	+36 / 0	+90 / 0	+5 / -10	-4 / -19	-9 / -24	-17 / -32	-22 / -37
10	14	+205 / +95	+93 / +50	+43 / +16	+24 / +6	+18 / 0	+27 / 0	+43 / 0	+110 / 0	+6 / -12	-5 / -23	-11 / -29	-21 / -39	-26 / -44
14	18	+205 / +95	+93 / +50	+43 / +16	+24 / +6	+18 / 0	+27 / 0	+43 / 0	+110 / 0	+6 / -12	-5 / -23	-11 / -29	-21 / -39	-26 / -44
18	24	+240 / +110	+117 / +65	+53 / +20	+28 / +7	+21 / 0	+33 / 0	+52 / 0	+130 / 0	+6 / -15	-7 / -28	-14 / -35	-27 / -48	-33 / -54
24	30	+240 / +110	+117 / +65	+53 / +20	+28 / +7	+21 / 0	+33 / 0	+52 / 0	+130 / 0	+6 / -15	-7 / -28	-14 / -35	-27 / -48	-40 / -61
30	40	+280 / +120	+142 / +80	+64 / +25	+34 / +9	+25 / 0	+39 / 0	+62 / 0	+160 / 0	+7 / -18	-8 / -33	-17 / -42	-34 / -59	-51 / -76
40	50	+280 / +120	+142 / +80	+64 / +25	+34 / +9	+25 / 0	+39 / 0	+62 / 0	+160 / 0	+7 / -18	-8 / -33	-17 / -42	-34 / -59	-61 / -86
50	65	+330 / +140	+174 / +100	+76 / +30	+40 / +10	+30 / 0	+46 / 0	+74 / 0	+190 / 0	+9 / -21	-9 / -39	-21 / -51	-42 / -72	-76 / -106
65	80	+340 / +150	+174 / +100	+76 / +30	+40 / +10	+30 / 0	+46 / 0	+74 / 0	+190 / 0	+9 / -21	-9 / -39	-21 / -51	-48 / -78	-91 / -121
80	100	+390 / +170	+207 / +120	+90 / +36	+47 / +12	+35 / 0	+54 / 0	+87 / 0	+220 / 0	+10 / -25	-10 / -45	-24 / -59	-58 / -98	-111 / -146
100	120	+400 / +180	+207 / +120	+90 / +36	+47 / +12	+35 / 0	+54 / 0	+87 / 0	+220 / 0	+10 / -25	-10 / -45	-24 / -59	-66 / -101	-131 / -166
120	140	+450 / +200	+245 / +145	+106 / +43	+54 / +14	+40 / 0	+63 / 0	+100 / 0	+250 / 0	+12 / -28	-12 / -52	-28 / -68	-77 / -117	-155 / -195
140	160	+460 / +210	+245 / +145	+106 / +43	+54 / +14	+40 / 0	+63 / 0	+100 / 0	+250 / 0	+12 / -28	-12 / -52	-28 / -68	-85 / -125	-175 / -215
160	180	+480 / +230	+245 / +145	+106 / +43	+54 / +14	+40 / 0	+63 / 0	+100 / 0	+250 / 0	+12 / -28	-12 / -52	-28 / -68	-93 / -133	-195 / -235
180	200	+530 / +240	+285 / +170	+122 / +50	+61 / +15	+46 / 0	+72 / 0	+115 / 0	+290 / 0	+13 / -33	-14 / -60	-33 / -79	-105 / -151	-219 / -265
200	225	+550 / +260	+285 / +170	+122 / +50	+61 / +15	+46 / 0	+72 / 0	+115 / 0	+290 / 0	+13 / -33	-14 / -60	-33 / -79	-113 / -159	-241 / -287
225	250	+570 / +280	+285 / +170	+122 / +50	+61 / +15	+46 / 0	+72 / 0	+115 / 0	+290 / 0	+13 / -33	-14 / -60	-33 / -79	-123 / -169	-267 / -313
250	280	+620 / +300	+320 / +190	+137 / +56	+69 / +17	+52 / 0	+81 / 0	+130 / 0	+320 / 0	+16 / -36	-14 / -66	-36 / -88	-138 / -190	-295 / -347
280	315	+650 / +330	+320 / +190	+137 / +56	+69 / +17	+52 / 0	+81 / 0	+130 / 0	+320 / 0	+16 / -36	-14 / -66	-36 / -88	-150 / -202	-330 / -382
315	355	+720 / +360	+350 / +210	+151 / +62	+75 / +18	+57 / 0	+89 / 0	+140 / 0	+360 / 0	+17 / -40	-16 / -73	-41 / -98	-169 / -226	-369 / -426
355	400	+760 / +400	+350 / +210	+151 / +62	+75 / +18	+57 / 0	+89 / 0	+140 / 0	+360 / 0	+17 / -40	-16 / -73	-41 / -98	-187 / -244	-414 / -471
400	450	+840 / +440	+385 / +230	+165 / +68	+83 / +20	+63 / 0	+97 / 0	+155 / 0	+400 / 0	+18 / -45	-17 / -80	-45 / -108	-209 / -272	-467 / -530
450	500	+880 / +480	+385 / +230	+165 / +68	+83 / +20	+63 / 0	+97 / 0	+155 / 0	+400 / 0	+18 / -45	-17 / -80	-45 / -108	-229 / -292	-517 / -580

5.5 优先、常用配合制度(Preferential and Common Fits)(摘自 GB/T 1801—2009)

附表 23　　　　基孔制优先、常用配合（摘自 GB/T 1801—2009）

基准孔	轴 a	b	c	d	e	f	g	h	js	k	m	n	p	r	s	t	u	v	x	y	z
	间隙配合								过渡配合				过盈配合							
H6						H6/f5	▼H6/g5	H6/h5	H6/js5	H6/k5	H6/m5	H6/n5	H6/p5	H6/r5	H6/s5	H6/t5					
H7						H7/f6	▼H7/g6	▼H7/h6	H7/js6	▼H7/k6	H7/m6	▼H7/n6	▼H7/p6	H7/r6	▼H7/s6	H7/t6	▼H7/u6	H7/v6	H7/x6	H7/y6	H7/z6
H8					H8/e7	▼H8/f7	H8/g7	▼H8/h7	H8/js7	H8/k7	H8/m7	H8/n7	H8/p7	H8/r7	H8/s7	H8/t7	H8/u7				
				H8/d8	H8/e8	H8/f8		H8/h8													
H9			H9/c9	▼H9/d9	H9/e9			▼H9/h9													
H10			H10/c10	H10/d10				H10/h10													
H11	H11/a11	H11/b11	▼H11/c11	H11/d11				▼H11/h11													
H12		H12/b12						H12/h12													

注：1. 标注▼的配合为优先配合。

2. $\dfrac{H6}{n5}$、$\dfrac{H7}{p6}$ 在基本尺寸小于或等于 3mm 和 $\dfrac{H8}{r7}$ 在小于或等于 100mm 时，为过渡配合。

附表 24　　　　基轴制优先、常用配合（摘自 GB/T 1801—2009）

基准轴	孔 A	B	C	D	E	F	G	H	JS	K	M	N	P	R	S	T	U	V	X	Y	Z
	间隙配合								过渡配合				过盈配合							
h5						F6/h5	G6/h5	H6/h5	JS6/h5	K6/h5	M6/h5	N6/h5	P6/h5	R6/h5	S6/h5	T6/h5					
h6						F7/h6	▼G7/h6	▼H7/h6	JS7/h6	▼K7/h6	M7/h6	▼N7/h6	▼P7/h6	R7/h6	▼S7/h6	T7/h6	▼U7/h6				
h7					E8/h7	▼F8/h7		▼H8/h7	JS8/h7	K8/h7	M8/h7	N8/h7									
h8				D8/h8	E8/h8	F8/h8		H8/h8													
h9				▼D9/h9	E9/h9	F9/h9		▼H9/h9													
h10				D10/h10				H10/h10													
h11	A11/h11	B11/h11	▼C11/h11	D11/h11				▼H11/h11													
h12		B12/h12						H12/h12													

注：标注▼的配合为优先配合。

6. 滚动轴承（Rolling Bearings）（摘自 GB/T 276—1994、GB/T 297—1994 和 GB/T 301—1995）

附表 25

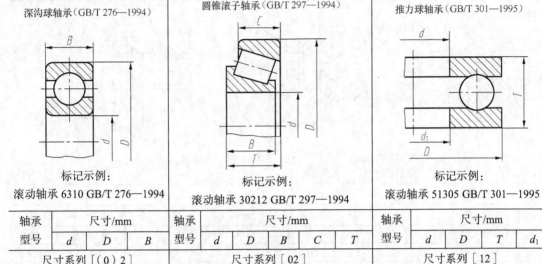

深沟球轴承（GB/T 276—1994）

标记示例：

滚动轴承 6310 GB/T 276—1994

圆锥滚子轴承（GB/T 297—1994）

标记示例：

滚动轴承 30212 GB/T 297—1994

推力球轴承（GB/T 301—1995）

标记示例：

滚动轴承 51305 GB/T 301—1995

轴承型号	尺寸/mm			轴承型号	尺寸/mm					轴承型号	尺寸/mm			
	d	D	B		d	D	B	C	T		d	D	T	d_1
尺寸系列 [（0）2]				尺寸系列 [02]						尺寸系列 [12]				
6202	15	35	11	30203	17	40	12	11	13.25	51202	15	32	12	17
6203	17	40	12	30204	20	47	14	12	15.25	51203	17	35	12	19
6204	20	47	14	30205	25	52	15	13	16.25	51204	20	40	14	22
6205	25	52	15	30206	30	62	16	14	17.25	51205	25	47	15	27
6206	30	62	16	30207	35	72	17	15	18.25	51206	30	52	16	32
6207	35	72	17	30208	40	80	18	16	19.75	51207	35	62	18	37
6208	40	80	18	30209	45	85	19	16	20.75	51208	40	68	19	42
6209	45	85	19	30210	50	90	20	17	21.75	51209	45	73	20	47
6210	50	90	20	30211	55	100	21	18	22.75	51210	50	78	22	52
6211	55	100	21	30212	60	110	22	19	23.75	51211	55	90	25	57
6212	60	110	22	30213	65	120	23	20	24.75	51212	60	95	26	62
尺寸系列 [（0）3]				尺寸系列 [03]						尺寸系列 [13]				
6302	15	42	13	30302	15	42	13	11	14.25	51304	20	47	18	22
6303	17	47	14	30303	17	47	14	12	15.25	51305	25	52	18	27
6304	20	52	15	30304	20	52	15	13	16.25	51306	30	60	21	32
6305	25	62	17	30305	25	62	17	15	18.25	51307	35	68	24	37
6306	30	72	19	30306	30	72	19	16	20.75	51308	40	78	26	42
6307	35	80	21	30307	35	80	21	18	22.75	51309	45	85	28	47
6308	40	90	23	30308	40	90	23	20	25.25	51310	50	95	31	52
6309	45	100	25	30309	45	100	25	22	27.25	51311	55	105	35	57
6310	50	110	27	30310	50	110	27	23	29.25	51312	60	110	35	62
6311	55	120	29	30311	55	120	29	25	31.50	51313	65	115	36	67
6312	60	130	31	30312	60	130	31	26	33.50	51314	70	125	40	72

7. 中心孔（Center Hole）（摘自 GB/T145—2001）

附表 26

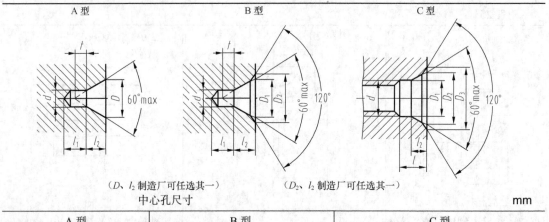

A 型　　　　　　　　　　　　B 型　　　　　　　　　　　　C 型

（D、l_2 制造厂可任选其一）　　（D_2、l_2 制造厂可任选其一）

中心孔尺寸　　　　　　　　　　　　　　　　　　　　　　　　　mm

A 型				B 型					C 型					
d	D	l_2	t（参考）	d	D_1	D_2	l_2	t（参考）	d	D_1	D_2	D_3	l	l_1（参考）
2.00	4.25	1.95	1.8	2.00	4.25	6.30	2.54	1.8	M4	4.3	6.7	7.4	3.2	2.1
2.50	5.30	2.42	2.2	2.50	5.30	8.00	3.20	2.2	M5	5.3	8.1	8.8	4.0	2.4
3.15	6.70	3.07	2.8	3.15	6.70	10.00	4.03	2.8	M6	6.4	9.6	10.5	5.0	2.8
4.00	8.50	3.90	3.5	4.00	8.50	12.50	5.05	3.5	M8	8.4	12.2	13.2	6.0	3.3
(5.00)	10.60	4.85	4.4	(5.00)	10.60	16.00	6.41	4.4	M10	10.5	14.9	16.3	7.5	3.8
6.30	13.20	5.98	5.5	6.30	13.20	18.00	7.36	5.5	M12	13.0	18.1	19.8	9.5	4.4
(8.00)	17.00	7.79	7.0	(8.00)	17.00	22.40	9.36	7.0	M16	17.0	23.0	25.3	12.0	5.2
10.00	21.20	9.70	8.7	10.00	21.20	28.00	11.66	8.7	M20	21.0	28.4	31.3	15.0	6.4

注：1. 尺寸 l_1 取决于中心钻的长度，此值不应小于 t 值（对 A 型、B 型）。

2. 括号内的尺寸尽量不采用。

3. R 型中心孔未列入。

8. 中心孔表示法（Expression of Center Hole）（摘自 GB/T4459.5—1999）

附表 27

要　求	符　号	表示法示例	说　明
在完工的零件上要求保留中心孔		GB/T 4459.5—B2.5/8	采用 B 型中心孔 d=2.5mm D_2=8mm 在完工的零件上要求保留
在完工的零件上可以保留中心孔		GB/T 4459.5—A4/8.5	采用 A 型中心孔 d=4mm D=8.5mm 在完工的零件上是否保留都可以
在完工的零件上不允许保留中心孔		GB/T 4459.5—A2/4.25	采用 A 型中心孔 d=2mm D=4.25mm 在完工的零件上不允许保留

注：在不致引起误解时，可省略标记中的标准编号。

9. 倒圆与倒角（Chamfers and Fillet）（摘自 GB/T 6403.4—2008）

附表 28

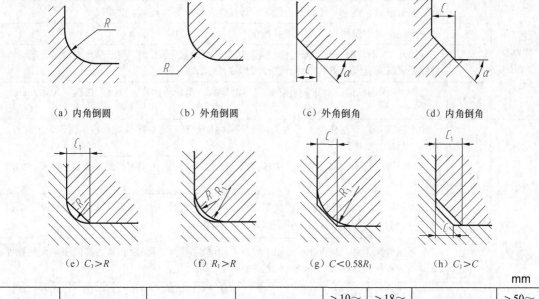

(a) 内角倒圆　　(b) 外角倒圆　　(c) 外角倒角　　(d) 内角倒角

(e) $C_1 > R$　　(f) $R_1 > R$　　(g) $C < 0.58R_1$　　(h) $C_1 > C$

mm

直径 D		～3		>3～6		>6～10		>10～18	>18～30	>30～50		>50～80
C、R	R_1	0.1	0.2	0.3	0.4	0.5	0.6	0.8	1.0	1.2	1.6	2.0
C_{max} ($C<0.58R_1$)		—	0.1	0.1	0.2	0.2	0.3	0.4	0.5	0.6	0.8	1.0
直径 D		>80～120	>120～180	>180～250	>250～320	>320～400	>400～500	>500～630	>630～800	>800～1 000	>1 000～1 250	>1 250～1 600
C、R	R_1	2.5	3.0	4.0	5.0	6.0	8.0	10	12	16	20	25
C_{max} ($C<0.58R_1$)		1.2	1.6	2.0	2.5	3.0	4.0	5.0	6.0	8.0	10	12

10. 其他（Others）

附表 29　　　　　　　　　　常用钢材的牌号及用途

名称	牌号	应 用 举 例
碳素结构钢	Q215 Q235	塑性较高，强度较低，焊接性好，常用做各种板材及型钢，制作工程结构或机器中受力不大的零件，如螺钉、螺母、垫圈、吊钩、拉杆等；也可渗碳，制造不重要的渗碳零件
	Q275	强度较高，可制作承受中等应力的普通零件，如紧固件、吊钩、拉杆等；也可经热处理后制造不重要的轴
优质碳素结构钢	15 20	塑性、韧性、焊接性和冷冲性很好，但强度较低。用于制造受力不大、韧性要求较高的零件、紧固件、渗碳零件及不要求热处理的低负荷零件，如螺栓、螺钉、拉条、法兰盘等
	35	有较好的塑性和适当的强度，用于制造曲轴、转轴、轴销、杠杆、连杆、横梁、链轮、垫圈、螺钉、螺母等。这种钢多在正火和调质状态下使用，一般不作焊接件用
	40 45	用于强度要求较高、韧性要求中等的零件，通常进行调质或正火处理。用于制造齿轮、齿条、链轮、轴、曲轴等；经高频表面淬火后可替代渗碳钢制作齿轮、轴、活塞销等零件

名称	牌号	应用举例
优质碳素结构钢	55	经热处理后有较高的表面硬度和强度，具有较好韧性，一般经正火或淬火、回火后使用。用于制造齿轮、连杆、轮圈及轧辊等。焊接性及冷变形性均低
	65	一般经淬火中温回火，具有较高弹性，适用于制作小尺寸弹簧
	15Mn	性能与15钢相似，但其淬透性、强度和塑性均稍高于15钢。用于制作中心部分的力学性能要求较高且需渗碳的零件。这种钢焊接性好
	65Mn	性能与65钢相似，适于制造弹簧、弹簧垫圈、弹簧环和片，以及冷拔钢丝（≤7mm）和发条
合金结构钢	20Cr	用于渗碳零件，制作受力不太大、不需要强度很高的耐磨零件，如机床齿轮、齿轮轴、蜗杆、凸轮、活塞销等
	40Cr	调质后强度比碳钢高，常用作中等截面、要求力学性能比碳钢高的重要调质零件，如齿轮、轴、曲轴、连杆、螺栓等
	20CrMnTi	强度、韧性均高，是铬镍钢的代用材料。经热处理后，用于承受高速、中等或重负荷以及冲击、磨损等的重要零件，如渗碳齿轮、凸轮等
	38CrMoAi	是渗氮专用钢种，经热处理后用于要求高耐磨性、高疲劳强度和相当高的强度且热处理变形小的零件，如镗杆、主轴、齿轮、蜗杆、套筒、套环等
	35SiMn	除了要求低温（−20℃以下）及冲击韧性很高的情况外，可全面替代40Cr作调质钢；也可部分替代40CrNi，制作中小型轴类、齿轮等零件
	50CrVA	用于（$\phi30\sim\phi50$）mm重要的承受大应力的各种弹簧；也可用作大截面的温度低于400℃的气阀弹簧、喷油嘴弹簧等
铸钢	ZG200-400	用于各种形状的零件，如机座、变速箱壳等
	ZG230-450	用于铸造平坦的零件，如机座、机盖、箱体等
	ZG270-500	用于各种形状的零件，如飞轮、机架、水压机工作缸、横梁等

附表30　　　　　　　　　　常用铸铁的牌号及用途

名称	牌号	应用举例	说明
灰铸铁	HT100	低载荷和不重要零件，如盖、外罩、手轮、支架、重锤等	牌号中"HT"是"灰铁"二字汉语拼音的第一个字母，其后的数字表示最低抗拉强度（MPa），但这一力学性能与铸件壁厚有关
	HT150	承受中等应力的零件，如支柱、底座、齿轮箱、工作台、刀架、端盖、阀体、管路附件及一般无工作条件要求的零件	
	HT200 TH250	承受较大应力和较重要零件，如汽缸体、齿轮、机座、飞轮、床身、缸套、活塞、刹车轮、联轴器、齿轮箱、轴承座、油缸等	
	HT300 HT350 HT400	承受高弯曲应力及抗拉应力的重要零件，如齿轮、凸轮、车床卡盘、剪床、高压油缸、滑阀壳体等	
球墨铸铁	QT400-65 QT450-10 QT500-7 QT600-3 QT700-2	球墨铸铁可替代部分碳钢、合金钢，用来制造一些受力复杂、强度、韧性和耐磨性要求高的零件。前两种牌号的球墨铸铁，具有较高的韧性与塑性，常用来制造受压阀门、机器底座、汽车后桥壳等；后两种牌号的球墨铸铁，具有较高的强度与耐磨性，常用来制造拖拉机或柴油机中的曲轴、连杆、凸轮轴，各种齿轮，机床的主轴、蜗杆、涡轮，轧钢机的轧辊、大齿轮，大型水压机的工作缸、缸套、活塞等	牌号中"QT"是"球铁"二字汉语拼音的第一个字母，后面两组数字分别表示其最低抗拉强度（MPa）和最小伸长率（$\delta\times100\%$）

附表 31　　　　　　　　　　常用有色金属的牌号及用途

名称		牌号	应 用 举 例
加工黄铜	普通黄铜	H62	销钉、铆钉、螺钉、螺母、垫圈、弹簧等
		H68	复杂的冷冲压件、散热器外壳、弹壳、导管、波纹管、轴套等
		H90	双金属片、供水和排水管、证章、艺术品等
	铅黄铜	HPb59-1	适用于仪器仪表等工业部门用的切削加工零件，如销、螺钉、螺母、轴套等
加工锡青铜		QSn4-3	弹性元件、管配件、化工机械中耐磨零件及抗磁零件
		QSn6.5-0.1	弹簧、接触片、振动片、精密仪器中的耐磨零件
铸造锡青铜		ZCuSn10Pb1	重要的减磨零件，如轴承、轴套、蜗轮、摩擦轮、机床丝杠螺母等
		ZCuSn5Pb5Zn5	中速、中载荷的轴承、轴套、蜗轮等耐磨零件
铸造铝合金		ZAlSi7Mg (ZL101)	形状复杂的砂型、金属型和压力铸造零件，如飞机、仪器的零件，抽水机壳体，工作温度不超过 185℃ 的汽化器等
		ZAlSi12 (ZL102)	形状复杂的砂型、金属型和压力铸造零件，如仪表、抽水机壳体，工作温度在 200℃ 以下要求气密性、承受低负荷的零件
		ZAlSi5Cu1Mg (ZL105)	砂型、金属型和压力铸造的形状复杂、在 225℃ 以下工作的零件，如风冷发动机的汽缸头、机匣、油泵壳体等
		ZAlSi12Cu2Mg1 (ZL108)	砂型、金属型铸造的、要求高温强度及低膨胀系数的高速内燃机活塞及其他耐热零件

参考文献

［1］潘安霞. 机械图样的绘制与识读[M]. 北京：高等教育出版社，2010.

［2］王其昌，翁民玲. 机械制图[M]. 北京：人民邮电出版社，2009.

［3］高玉芬，朱凤艳. 机械制图[M]. 大连：大连理工大学出版社，2008.

［4］柴建国，路春玲. 机械制图[M] . 北京：高等教育出版社，2008.

［5］胡昊. 机械制图[M]. 北京：人民邮电出版社，2011.

［6］钱可强. 机械制图[M]. 北京：高等教育出版社，2007.

［7］金莹. 机械制图项目教程[M]. 西安：西安电子科技大学出版社，2011.

［8］钟家麒，钟晓颖. 工程图学[M]. 北京：高等教育出版社，2006.

［9］陈锦昌. 工程制图[M]. 北京：机械工业出版社，2010.